隆盛庄建筑纪实

——以点云数据记录名镇

王卓男　编著

中国建筑工业出版社

主编

王卓男 （内蒙古工业大学副教授）

副主编

王　磊 （内蒙古工业大学讲师）

张晓东 （呼和浩特市将军衙署高级工程师）

参编人员（按参与时间排序）

呼　啸　郭效宏　耿　瑜　宿晓峰　宋　沁

郑虹玉　顾宗耀　高　超　高　敏　孙　宇

张沛鑫　魏　星　周　江　王志明

项目合作单位

内蒙古向度信息有限公司

内蒙古沛霖测绘科技有限公司

作者简介

王卓男，1968 年 8 月生，汉族，天津人，学士，副教授，硕士生导师。现就职于内蒙古工业大学建筑学院，建筑学硕士专业学位导师。已指导毕业硕士生 31 人，现在读硕士生 11 人。

主要研究方向为建筑历史、古建筑保护。担任住房和城乡建设部全国传统民居保护专家委员会委员。发表论文 4 篇，主持 5 项科研项目，其中四项已结题。

前　言

认识隆盛庄是件很偶然的事情。2015年之前听说过它是第一批中国历史文化名镇又是中国传统村落，虽然距离呼和浩特很近，但一直没有机会实地考察过。多年来我曾考察过许多村落，其中存在一部分村落在进行基础设施建设过程中改变了原有的面貌，特别是旧房和危房改造过程中，在居住环境得到改善的同时，很多村落也失去了原有的建筑特征，值得保留的"老房子"越来越少，甚至有的村落原有面貌消失了。2013年12月中央城镇化工作会议明确指出："让居民望得见山、看得见水、记得住乡愁。"初次造访中国历史文化名镇——传统村落隆盛庄，感到那里值得保留下来并加以保护的建筑很多，这引起了我极大的注意，并主动地选择对隆盛庄进行全面的古建筑测绘和调查研究工作，以期获得具有保存价值的建筑信息，为隆盛庄的保护和发展尽到一个古建筑保护者的职责。

2015年11月21日雪过初晴，上午驱车到达隆盛庄，从581乡道自北口进入隆盛庄镇，事先查阅的有限资料认为该地区"老房子"保存不多，所以仅安排2个小时的时间进行考察。经过乡政府进入大北街至马桥广场商业密集区，看到以路西侧为主的"老房子"逐渐增多，这些建筑虽然残破，但其院落规模、建筑形制、细部装饰均有完整的保留，依旧是八九十年代呼和浩特旧城"归化城"、包头东河区"转龙藏"等老城区未被改造前的情景。自北向南沿北街至大南街到隆福禅寺"南庙"，建筑风格从清末、民国初至八十年代依次变化，保存着一百多年来村落建筑演变完整内容。对村落中部居住区为主的小南街、小北街、大东街西段进行初步考察，发现几十处保留较为完好的四合院、前店后厂的商铺、宗教建筑。当时的感觉用现代的词汇来描述，像是"穿越"到百年以前！村落的格局、街巷的尺度都完整地保存其建设初期的信息。虽多年来从事内蒙古地区古建筑、建筑历史研究，担任硕士生导师已有十余年，看过很多地方的传统建筑、古村落，但像隆盛庄整体现状保存完整，在塞上——内蒙古自治区中部地区是绝无仅有的，这种震撼的心情无以言表，觉得应该为它做些事情！考察结束已是傍晚，天空又在飘雪，赶在高速封路前返回呼和浩特。

回到学校后立即安排三位建筑学研究生开始着手收集隆盛庄相关历史、建筑资料，由于其建筑内容十分丰富，准备从村落沿革、民居、商肆三大方面进行系统的研究，2015年12月中旬又有一位艺术学的硕士生加入到研究团队，他注重对建筑装饰内容进行整理、研究和分析。开题的资料准备妥当后，他们的研究方向都顺利通过。经过我与他们共同努力，到2017年6月四位同学一同进行毕业答辩时，导师们戏称这次答辩是为"隆盛庄专题"研究的汇报。就在此时萌生了编写这本书的想法，一者是隆盛庄的传统村落里，具有十分珍贵的建筑遗产，需要通过深入挖掘、研究来提升和增强其保护力度；再者从我们的研究过程中，基于原有的测绘方法上有所创新，获得的建筑数据、资料更加详实，对于建筑物和构筑物的观察更加深入和细致，需要及时加以总结和推广相关技术；并且老师、研究生们为保护历史文化名镇脚踏实地、不辞辛苦、乐于奉献的研究精神和认真的工作态度值得提倡，这本书的出版也是对他们在三年多时间里实践和成果的肯定。

对于隆盛庄的考察总共进行了27次，调研工作分为三个阶段，第一阶段普查工作以教师、研究生为主，主要是针对隆盛庄村整体的梳理及相应照片的采样，大规模的调研是在2016年4月开始，工作主要针对隆盛庄的重点历史建筑进行了摸底，通过对近千户居民逐户的走访，梳理和分析了千余份记录，初步了解了隆盛庄村的历史，并对建筑进行了较详细的研究。之后大规模的调研是在2016年5月进行，对隆盛庄村街道的所有建筑进行了详细调查，采访中进行了录音，以照相及录像的方式进行记录，调研之后汇总成相应表格，并将采访后的影像资料进行了详细的整理。这次调研记录了隆盛庄村整体历史建筑的详细信息，依据建筑破损程度、保存年限、保存样式等作为判定因素，根据调研中所获得的信息进行整理，并对建筑进行了编号，为第二阶段工作的开展做好了准备。

第二阶段从2016年7月开始，参加工作的有教师、研究生，并结合建筑学两个本科班学生测绘实习，分成了10个组，进行了为期一周测绘工作。通过对确定的重要建筑物进行测绘，绘制所调研建筑物和构筑物的平、立、剖面图。为期半年的工作对隆盛庄的民居、商肆建筑和重要的公共建筑进行了照片采集及后期归纳整理，到第二阶段结束时，已确立了隆盛庄建筑具体等级划分。依照建筑修建年代、破损程度（注：此项判定包括：古建筑基础的沉降和破碎；台基松动、移位；墙体酥碱剥落；木构架的歪闪、脱榫、腐朽；檩条弯垂缺失等）、历史意义、可保护程度等划分四个级别，其中A级为最高等级，这类型建筑大致建造于晚清、民国时期，完整程度较高或者具有唯一性；B级为次级，虽然建造年代大都也为晚清、民国时期，但其完整程度较差；C级大多已翻新；D级已翻新或重建。依此分类进行后期的研究工作，其中C、D级分别为现代修建，其相对价值较低，在后续的研究中将其放在次要的地位。

第三阶段是全面采用新的测绘手段进行A、B等级建筑物的考察和研究工作，这是本次研究的重点，也是本书的精华所在。利用三维激光扫描仪、无人机倾斜摄影的手段，对A等级、B等级建筑物进行全方位三维数字采集，不仅获取了建筑物外部特征的数据，甚至深入内部获取数据，将内外连接构建的数据进行整合，建立了数字模型，剖析出建筑中各部分的构造，为更高层次历史文化建筑的研究提供详实的数据依据；为现存历史文化建筑提供了可供千年保存的真实历史档案，这一方法是常规建筑测绘方法难以实现的。在此阶段，获取了详尽的历史建筑的档案，也同时对其自治区级"非物质文化遗产"进行了拍照、录像、录音，这些都是生活在这里的蒙、汉、回等多民族共同创造的文化遗产的纪实。这些"非物质文化遗产"是草原与农耕文化结合的产物，扎根于隆盛庄，体现在街头巷尾，铭刻于人们心里。为此，我们用上述方法为一位老人出版了一部书《隆盛庄民俗》，这些工作也为四位研究生撰写论文提供了素材。

随着研究工作的不断深入，既有新发现带来的欣喜，也有难以解决问题带来的苦恼。调查中发现隆盛庄除了中心区大量的民居、商肆和文化建筑等十分丰富的内容之外，在镇东北角还有经文物部门确定的汉代陵墓遗址群；自东向西穿过全镇的明长城（镇东侧一公里有一座巨大的"烽火台"暂时无法确定其准确称呼，其规模近似堡寨）；镇东至南残留城墙的遗迹；正南、西南有三座防御性的"三角城"；全镇四周有11座近代修建的混凝土碉堡；据村民介绍，20世纪80年代在村西门内修建文化站时地下4米发现灶台（原话描述是做饭的地方）。这些内容是一般的村落所没有的，足见其历史悠久。随之而来的困惑是：隆盛庄的历史资料收集十分困难，正规史料文献对该地区的记载内容非常少，仅从部分的文学作品中找到一些简略的描述，例如：虽然隆盛庄在明代几乎没有记载，对其建立的年代大致以清初期产生的"四美庄"开始，但明代长城及碑刻却屹立在那里！再如：走访中了解的内容也众说不一，如：形制独特的防御性建筑"三角城"，有的说是"解放战争"时期修筑，有的说是"抗日战争"时期修筑，有的说时代更久远，我们很难确定其年代。短时期内解决这些问题，对从事建筑历史研究的老师来说很困难！

鉴于上述原因，到2016年底参与此项工作的老师和同学们达成共识，及时、准确地记录现存有价值的建筑信息作为以后工作的重点，欣喜的是我担任的内蒙古自治区自然科学基金项目《内蒙古地区传统建筑数字化模型技术应用研究》（项目编号：2016MS0535)已经开始实施，并将隆盛庄纳入到课题中，使其成为研究项目的重要组成部分。在第二、三阶段我们已经能够熟练掌握三维激光扫描技术和倾斜摄影技术，新技术的使用对保存原始建筑信息起到高效、准确的作用。近2km²的镇域数据进行收集，其工作量巨大，随着对数字技术的理解提高，此项手段在后期工作应用中的程度逐渐加强。2018年由王磊主持的内蒙古自治区自然科学基金《内蒙古地区传统村落建筑信息提取与评价研究》（项目编号：2018LH04005）对本书的完成起到重要的推动作用。直至编写此书时我们已经将全镇的建筑进行低空倾斜摄影并建立接近1：500的三维模型数据，一百余座院落进行更高精度的倾斜摄影、建模，五十余座院落进行了地面三维高精度激光扫描，形成点云数据库，配合以文字记录，使得这座古镇的完整建筑信息予以保存，这也是本书展示给大家的主要内容。阅览本书虽只是些建筑的"流水账"，甚至是很多残缺不全的建筑图片，没有靓丽的渲染图。说实话复原想象的图我们也做了一些，但总觉得这不是真实的历史状况，很难将目前生活在这里的居民所期盼的心情画到渲染图中，我们只能做到是对建筑进行纪实与研究，期盼关注这片土地的人们共同努力来解决建筑以外的问题，在如今这是完全可以做到的。如同隆盛庄镇领导所说："隆盛庄已经存在三百年，希望它能延续下去！"，我们为此做了些积淀工作。

隆盛庄全貌正射影像图

100M

CONTENTS 目录

01 隆盛庄村落背景

　　从明朝时期至今隆盛庄聚落形态的形成和发展不仅记录了当地地形地貌、街巷网络及各类建筑的实时变化，更记录了古村落从古至今的发展兴衰与形态变迁。

　　隆盛庄历经百岁千秋，漫长岁月以来，当地水草茂盛、土地肥沃，条件优越且适宜人们的居住。从明初开始为防御北方鞑靼、女真等入侵中原，在长城沿线陆续修筑了多道长城，今隆盛庄便有长城二道边通过。这时期包括隆盛庄在内的今丰镇市是属于山西行都司，为明代地方军事机构，隶属于五府，而听命于兵部。

　　明洪武四年（1371年）正月置大同都卫。洪武八年（1375年）十月更名山西行都指挥使司的大同府，且多设置卫所。根据资料查阅，隆盛庄是宣德卫所在地，到明成祖朱棣永乐年间，明朝战略由攻转守，边防收缩，这些卫所也大多数被废弃，隆盛庄地区为蒙、汉边境之地，人口较少，有军队的驻扎。如镇东双台山上现存的摩崖石刻明确记载了长城二道边的修建年代，以及在摩崖石刻周边地区遗留有大量陶瓷碎片。但是由于长城沿边地区战事繁多，人口数量不足，并未形成聚落。

　　到清中期部分街巷产生，大量商铺及配套民居、旅店等逐渐发展，形成了隆盛庄的初步聚落形态。清末民初，隆盛庄街巷网络、古宅古巷基本完备，商业店铺林立，此时隆盛庄聚落形态已发展到了巅峰时期。

图1-1　隆盛庄村落中部倾斜摄影模型截图

　　隆盛庄镇现属丰镇市管辖，坐落于该市东北部，是乌兰察布地区最早的集镇之一。北与察右前旗、兴和市交界，西与丰镇市红砂坝镇相邻，东南与山西浑源窑乡、黑土台镇接壤。兴丰一级公路南北纵穿镇区，南通新208国道，北接110国道，镇区地理坐标为东经40°42′，北纬113°26′。

　　可查询的隆盛庄近300多年的历史中体现出，其不仅是古代的军事战略要地，也是近代商贸路线上的重要集镇。由于当地地形复杂，周围多河流、洪水冲刷的山沟山涧，适合军事作战需求，是明朝防御北方游牧民族进犯内地的门户，也是抗日战争至解放战争时期东北地区连接内地的途径之一。由于其地理位置四通八达，以南紧邻山西省，以北是辽阔的大草原，以东是张家口、北京，西接呼和浩特、包头等地，因此隆盛庄是连接山西、河北、蒙古国等地的重要交通枢纽，是蒙古族与内地贸易交往的必经之地，是"草原丝绸之路"和"万里茶道"商贸路线上的组成部分。

　　隆盛庄拥有大量物质和非物质文化遗产。1995年被内蒙古自治区命名为"民间灶火之乡"，2012年底被评为全国首批传统村落，2014年被列入第六批中国历史文化名镇。该镇目前保留着大量有形文物古迹，有国家级文物明长城；自治区级文物清真寺、南庙；近代三角城、防空洞等防御类建筑；以及大量古民居（图1-1）、古街、古巷等重要的历史文化遗产。此外，"隆盛庄庙会"、"隆盛庄月饼制作技艺"、"隆盛庄四脚龙舞"先后被列入自治区非物质文化遗产。当地非遗以汉民族特色为主，有传统建造技术；铁匠、木匠、银匠；做月饼、捏面人传统饮食文化，传统手艺等。

隆盛庄聚落形态的形成和发展

清中期聚落形态的产生

清乾隆中期开始在此地招民垦种,大量山西地区祁县、忻州等地人来此抽签买地。于1768年(乾隆三十三年)在该地区形成了由三十号地(现村南部)相连的垦种区及居民区,当时隆盛庄是属于丰镇厅下设的东北乡的村落。乾隆末年,当地摊贩集资和外地投资的商号开始大量产生,出现了马店、粮店、油房、陆陈行、棉布及百货等行业,同时出现了铁匠、木匠、银匠及其他手工业者。此时的隆盛庄聚落形态已初具规模,形成了以农垦为基础,以大南街、大北街为主线的商业、宗教文化核心,辅以大东街、西门街为"走草地"的主要街道,逐渐形成了小型村镇聚落形态的雏形,为清末民初时期的街巷网络、道路网络的形成奠定了基础。

清后期至民初聚落形态的发展

清朝前期兴起的山西、河北、津京地区的"旅蒙商",至清中后期迅速成为内蒙古地区主要的经商贸易队伍。此时的隆盛庄由于其便利的地理条件,商贸行业迅速发展,"旅蒙商"在嘉庆、道光年间就成为当地的主要经济力量和开源商业,直到咸丰年间已经成了本地商贸经济的最大来源。

民国初年至民国10年,隆盛庄各行各业蓬勃发展,商贸行业更是发展到了鼎盛时期,仅挂牌商号就有二百余家,还有其他设在店内的作坊。已成立的各工商业行社,如钱、当、粮店等十余个,由商号组办的各个"团社"及"商务会"大量组织活动吸引来往商客。

民国至今隆盛庄聚落形态的变化

1915年(民国4年)平绥铁路通至丰镇、集宁,并未经过隆盛庄,导致隆盛庄的商人开始相继在丰镇、集宁地区开设商铺或者开设分号,北路的皮毛、牲畜交易也留驻在集宁交易。市场交易额大幅下降,隆盛庄经济逐步衰落。

1926年(民国15年)国内军阀混战,连年的战乱加之民国17年、18年大旱,盗贼遍野、人心不宁,导致了隆盛庄地区经济一蹶不振。此时的隆盛庄为躲避匪患,当地人们围绕着隆盛庄修建了城墙,并在城墙各面修筑了城门及炮楼。

直至1932年(民国21年)隆盛庄改称隆盛庄镇(图1-2),商贸业逐渐复苏,农业和牲畜业也开始逐渐恢复。此时的隆盛庄成为当时的粮食集散地,大批粮食集中到这里再运往外地,粮食交易发展势头良好。

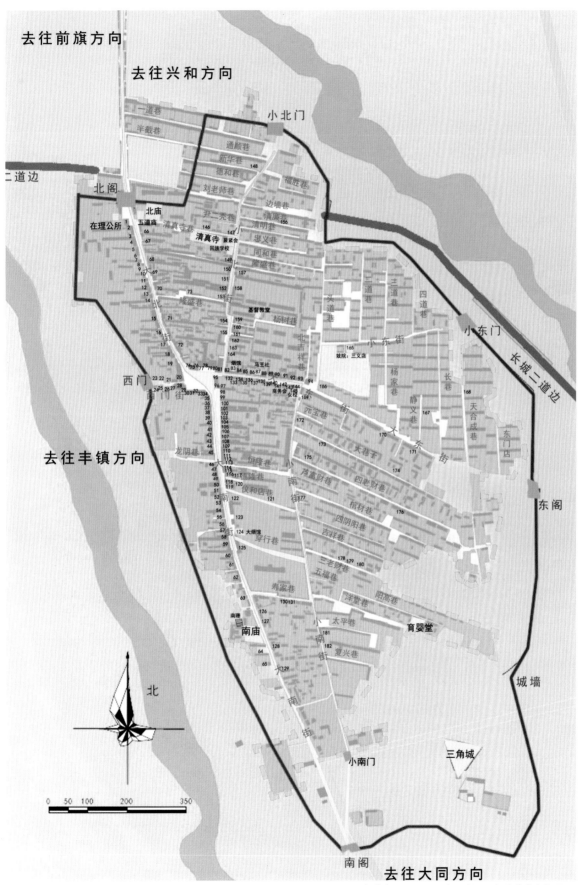

图1-2　隆盛庄总平面图（底图来源：乌兰察布规划局）

隆盛庄地理地貌特征

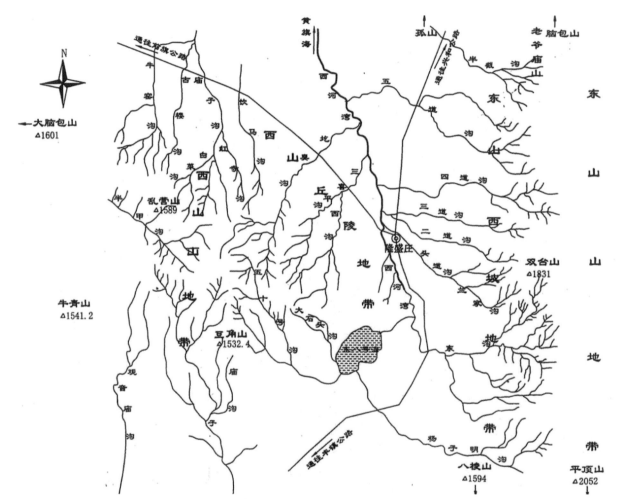

图 1-3　隆盛庄及周边地区地形示意图（图片来源：隆盛庄校友于 2009 年集体编写的《乡音》）

地形地貌

隆盛庄地处低山丘陵地带，属阴山山系，地势较高。为山地与丘陵之间的冲积平原，属内陆滩川盆地，是乌兰察布市南北走向的中间地带。镇域范围位于冲积平原地段，面积在 400km² 左右，周边有中低山区、低山丘陵区及平原地带三种主要地形特点（图 1-3）。

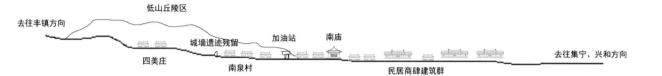

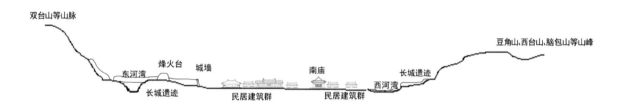

图 1-4　上：隆盛庄及周边环境南北向剖切图；下：隆盛庄及周边环境东西向剖切图（图片来源：自绘）

山脉走势

　　镇东约 3～4km 处是一条呈南北走向的中低山区，与兴和县相接，此区域最高的山为双台山，主峰海拔达 1831m。双台山两侧分布的雨裂沟被赋予如头道沟、二道沟、三道沟等地理名称，当地和周边村落的名称、街巷的名称均来源于此。镇西南方向为隆盛庄的低山丘陵区，最高的海拔约在 1500m。有豆角山、西台山、脑包山等山峰，也有西沟、庙子沟等洪水沟（图 1-4）。

河流水系

　　隆盛庄属内陆水系区域，东以双台山、西以豆角山为分水岭，主要河流西河湾发源于四美庄以东的东沟一带，向北经南泉村、隆盛庄村、五福屯村，由沙卜村出境，注入察右前旗的黄旗海，全长 13km。隆盛庄东侧的东河湾水流的来源为以双台山为主的东侧大片山脉形成的洪水流，一部分从庄的南侧汇入西河湾，另一部分向北绕庄的西侧最终与西河湾交汇（图 1-3）。周边的这两条河流是隆盛庄形成的重要因素，也是其周边水草茂盛的主要原因。隆盛庄一带地下为砂，砂砾石含水源，属地下水径流层，西河湾下游沿河地段呈现为湿地形态就是其地下水的缘故。

隆盛庄商贸路线的形成和发展

隆盛庄在历史上曾是重要草原牧马区域，为察哈尔正黄、正红旗游牧地。至清朝年间，隆盛庄南为太仆寺牧场（在今丰镇红沙坝、柏宝庄、黑土台一带，距隆盛庄仅10km），专门为清朝饲养军马，牧场与耕地相毗连。1675年（清康熙十四年），将察哈尔蒙古部众迁出其驻牧地，开始在这里开垦种地。《大朔设官纪略》中记载了"丰镇始为察哈尔八旗及太仆寺马厂地亩，雍正三年，以土地闲旷，招民垦种。"从此之后，随着人口越聚越多，当地开始大量开垦土地，农业逐渐兴起并成为当地支柱产业。

1751年（乾隆十五年），当地垦务方面的事宜越来越多，经山西省当时的巡抚奏明，将原有的丰川卫和镇宁所裁减，设置为丰镇厅。1766年（乾隆三十年），经察哈尔都统奏请，将太仆寺牧场空出，其余土地东起哈谭和硕（现兴和东境），西至十八儿太（现丰镇市巨宝庄公社西十八儿太）的放垦区。此时当地已经聚集了相当一部分居民。此外，大量晋北地区地主及农民来此买地垦种，导致本地区集镇及村落的出现。

直至1768年（乾隆三十二年），清政府在此开垦设庄，并取名为隆盛庄。这个时期丰镇厅（包括今兴和县）的地域范围比现今的丰镇市要广，丰镇厅东西长135km，南北约125km。共设置了四乡：东北乡（包括隆盛庄）、西北乡、南乡、北乡。丰镇厅归大同府阳高通判管理，次年将通判一缺改为同知，仍然归山西大同府管理。

1884年（光绪十年），改为蒙民抚民同知，归山西省绥远道管理。1903年（光绪二十九年），从丰镇厅分出兴和厅，1908年（光绪末年），逐渐发展成了农业区。

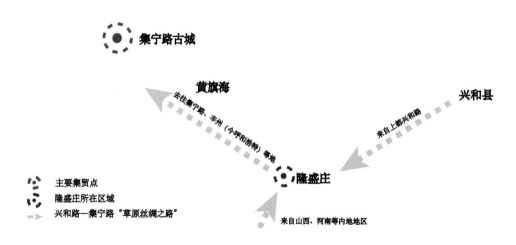

图1-5 "草原丝绸之路"与隆盛庄的关系示意图（图片来源：自绘）

据资料查询及初步的分析，如图1-5所示，根据隆盛庄的地理信息、周边地形地貌等多种因素，推测元朝时期的"木怜"新道的某一条马道，曾穿此地而过。自明朝"土木堡之变"后，由于战乱及社会的动荡，隆盛庄这里被弃成了无人地带。明晚期万历年间阿拉坦汗以武力求互市，双方关系又找到了平衡点，推断此时起商道复兴，为隆盛庄的产生拉开了序幕。当时该地区并没有建制，且并无详细背景记载。至清朝中后期"旅蒙商"是沿着这条商贸通道开始了草原通商之旅，此时的隆盛庄是南北交通的一条主要节点。由于地理位置的特殊性，作为商贸通道连通着蒙、汉之间的商贸往来，见证了蒙、汉经济的发展，是"草原丝绸之路"的重要组成。

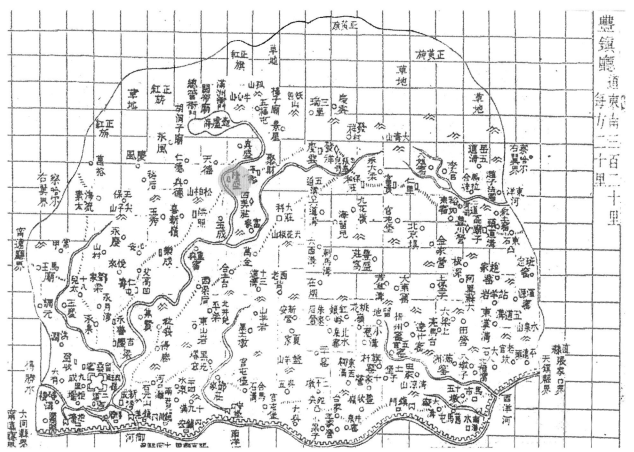

图 1-6 乾隆初年丰镇厅布局图（底图来源：《绥远概况》）

清中期商贸线路

　　据《绥远概况》记载的清乾隆初年丰镇厅的布局图（图 1-6）得出，隆盛庄清中期已经形成了小村落，其名为"隆盛"。从图中可以清晰地看到一条南北向的道路，从西南方向的"吉梁陵"，沿途经永善等五个村镇，穿过松柏山、西河湾，途径隆盛，后又向西在保和庄附近与"隆盛"南侧另一条道路汇合，并最终向西到达察哈尔右翼界线。

　　由于当时交通并不发达，且该地区并没有便利的水利交通，货物贸易运输只能靠车马"走旱路"。隆盛庄所在地区恰好位于各地区商贸往来要道上，是"走旱路"的必经之地，且这里草木茂盛、水源充足，是车马劳顿之后歇脚的适宜之地。从上图（图 1-6）可以看到丰镇厅范围内有三条通道，推测上图红线便为隆盛庄及周边地区一条重要的"走旱路"通道。这个时期北方地区畜牧业和内蒙古中部地区农业发展迅猛，关外地区经隆盛庄将牲畜运往北京、天津等内地地区。

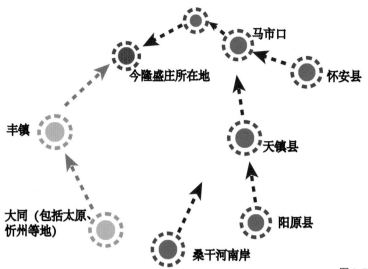

图1-7　走西口路线的大同路和马市口路（图片来源：自绘）

清后期至民初商贸线路

清后期隆盛庄是陕西、山西移民路线上的重要集镇和商贸集散地，包括了走西口移民路线、旅蒙商路线和万里茶道路线。

（1）走西口路线

伴随着清朝时期土地垦种的相关政策，隆盛庄地区作为山西、河北等地移民西迁的一个交汇点，聚集了大量汉民来此，其线路主要有两条：一条为"走西口"大同线，由山西中部太原、忻州经大同至隆盛庄，再由此进入察哈尔草原。第二条为马市口线，河北省怀安县、阳原县，山西省天镇县及桑干河南岸等地的人走西口，均要北上马市口，穿过长城抵达兴和县，继而到达察哈尔右翼前旗、中旗、后旗等地。这两条路线中有一部分人由此向西北察哈尔右翼各旗以及呼市、包头等地迁移，也有很大一部分人定居下来，开始了垦种土地（图1-7）。

（2）清末民初时期的"旅蒙商"路线

隆盛庄拥有便利的地势、充足的水源、广泛的人员来往，使该地渐渐成为察哈尔地区的经济通商要道上的商贸交易点，"旅蒙商"也会途经此地，随着各行各业的迅速发展，在乾隆末年商贸迅速成为该地的主要经济来源。隆盛庄逐渐形成连通晋、冀两大商道、"旅蒙商"驼队商道及万里茶道路线上的重要节点。

"旅蒙商"逐渐定居下来，其居住和售卖货物的地方被称为"草地庄"，据查阅资料显示在清末民初时期隆盛庄有三家"草地庄"，这时期周边路线有了相应的变化，其中原有西门街、大东街的"走草地"路线依然存在，但是行进的路线发生了改变。由山西、陕西而来的大多数客商在通过丰镇来到隆盛庄后，不再选择向东跨过东侧山脉的原有路线（图1-8紫色路线），改为由北门出的两条路线。其中一条从东侧两山脉中间通过并向东通往东口位置，也可以通往今张家口张北县位置；另一条从大北街前往平地泉（今集宁区所在地），再由平地泉出发选择通往西口、东口或是往北通往北方草原地区。

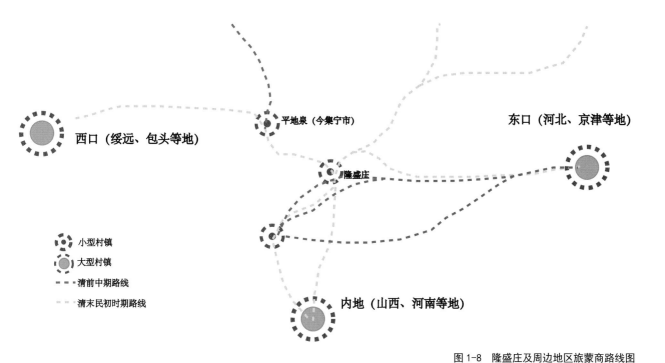

西口 (绥远、包头等地)

平地泉 (今集宁市)

东口 (河北、京津等地)

隆盛庄

内地 (山西、河南等地)

○ 小型村镇
● 大型村镇
- - - 清前中期路线
‐ ‐ ‐ 清末民初时期路线

图 1-8　隆盛庄及周边地区旅蒙商路线图

图 1-9　清末民初时期的"万里茶道"路线 (图片来源：隆盛庄旅游规划)

清末民初"万里茶道"路线

　　万里茶道从中国福建崇安（现武夷山市）起，经江西入河南北上。清咸丰之后转为湖南、湖北交界地带起，途经河南、山西、河北、内蒙古，穿过蒙古国，进入俄罗斯后折向西行，终止于波罗的海沿岸。隆盛庄西的归化城（今呼和浩特市）是在万里茶道的培育下迅速崛起的一座商城，是茶叶西销的中转站。归化城及其邻近地区的相关历史遗迹及资料显示"万里茶道"就经过了今隆盛庄（图 1-9）。

02 隆盛庄街巷组成

街道类型

主要古街道

以大南街、大北街和马桥街组成的古街道是隆盛庄最繁华的商业街（图 2-1、图 2-2），南北走向，全长近 1.8km。宽度有 6 ~ 8m，可供车辆通行。其中大南街和大北街两条街道集中了大量商肆建筑，但是建筑风格迥然不同，大南街商肆建筑多建于新中国成立后 60 年代，为"苏联式"建筑风格，大北街商肆建筑多为清末民初时期商肆建筑风格。大南街与大北街的中心便为马桥街（即中心广场），是一个长方形的广场，长约80m，宽约 50m，是三条主要街道的交汇处，四面是商号铺面。这里原为牲畜交易市场，现在是隆盛庄小摊贩售卖及商业的密集区。

次要街道

主要由大东街、小南街和小北街三条街作为次要街道。这几条街道宽度较窄，一般为 3 ~ 4m，街道两侧为次要商业街和主要居住区。其中大东街与主街道垂直，小南街、小北街与大东街相连且平行于主街道，整体与主街道共同形成隆盛庄道路网络骨架。这些街道所在区域多为居民区，零散布置着一些商号店铺。其中小南街分布着大大小小十余条巷子，有元宝巷、大巷子、四老财巷、卢福财巷、棺材巷等，这里曾是隆盛庄最有权势者的居住区，相对而言也是隆盛庄民居建筑保存最好的地段。小北街为小型商业街，主要是回民开设的店铺，且这条街道由于清真寺的存在，在小北街北段形成了回民居住区。

小型巷道

除了主次要街道，隆盛庄分布着密密麻麻的巷道，延伸到村落的每个角落。其道路宽度不足 4m，最窄处仅有 2m，这些小街巷与主次要干道共同构成了隆盛庄道路网络。它们以马桥广场为中心，或平行或垂直，纵横交错，形成了错综复杂的街巷系统。这些街巷或通往深宅大院，或通往宗教庙宇。小南街两侧的街巷建筑保存较好，其中四老财巷、三老财巷及卢富财巷有很多院落保存较好，建筑院落大多为清时期民居，规格较高，有近一百多年的历史。各条小巷虽长短不一，最小巷也有十几户人家，最大巷甚至能达到五十余户。另外，关于巷子的命名，有的是按居住人的身份命名，如四老财巷、三老财巷；有的是按巷子的主要建筑命名，如清真寺巷、洋堂巷；有的按曾开设的商号命名，如恒隆店巷、天合成巷；有的按周边地区洪水沟、村落命名，如头道沟巷、二道沟巷；也有一些是寄托人们美好凤愿的命名方式，如五福巷、忠义巷、同和巷；还有一些诸如迷魂巷、边墙巷等巷子的命名比较随意。

大多数的巷比街窄，且多由高大的民居外墙围合而成，有些巷子曾建有巷门，巷口设小门房。所有巷子的两侧会有住户，且都有院门，院门也是大大小小，风格各异，多数为木质大门，少数有石质大门或木质结构用石、砖雕装饰而成，形成"窄巷深弄"的空间感受，具有特殊的审美韵味。

图2-1　大南街南段街道倾斜摄影模型截图

街巷区域

由于隆盛庄面积较大，将街巷网络以大东街、西门街为中心，分为街巷网络中段、北段、南段三部分来进行描述。

大东街以北部分

这部分包括大北街、小北街、小东街及各主次要街道，共3条街道、20条巷。随着庄内人口大量增加，居住区面积扩大，小北街东侧的大片农垦区改为了居住区。小北街两侧辐射形成的民居巷道有16条巷，其中少部分与大北街相连。巷名多以"祝福词"命名。小东街北侧有4条巷，以隆盛庄东侧洪水沟名字作为巷道名字。

大东街以南部分

这部分包括大南街、小南街和它们两侧的19条巷道。大南街以南与小南街汇合并通往正南门方向，并由这条道路通往丰镇。小南街街巷区域为隆盛庄最大的居民区，且这里汇集了大量地主、老财，街巷深远，每条巷道都设有巷门、门房，在当时每天都有固定的开张和打烊时间，防止偷盗者的侵扰。

街巷网络中段部分

这部分包括了马桥街、西门街、大东街及其北侧，共2条街、6条巷，其中马桥街为街巷网络的核心。大东街与大东街北部为商业居住混合区。靠近马桥街的范围内大都为商肆建筑，其他区域多为居住用地，少量零散布置些商肆建筑。其中大东街北侧居住区原为耕地。西门街向西通往丰镇方向，大东街向东通往兴和县、张家口方向。

图2-2 大北街北段街道倾斜摄影模型截图

03　商肆建筑

　　隆盛庄境内商业兴起于清乾隆年间，此后随着农业的发展和城镇人口的增多，内地大批商贾来县经商，城内商号、货栈逐渐增多，隆盛庄成为旅蒙商去大库伦（今蒙古国乌兰巴托市）的通道之一，骆驼、板车运输繁忙，促使养殖、种植、商业、手工业进一步发展。据《归绥道志》记载，丰镇"物产销售出境者胡麻、菜籽……成为张家口与归化城之间商业兴隆的集镇。清光绪至宣统年间，各地粮商涌集，资本上万元、伙计上百人的粮店就有谦和店、丰盛店等六家……"1911 年（清宣统三年）创立了丰镇商会，会员达 361 家。城东八十华里的隆盛庄是牲畜、皮毛、粮食集中交易的场所，每年定期召开骡马大会，广招商旅。

图 3-1　隆盛庄马桥广场商肆建筑倾斜摄影模型截图

　　至民国初年，随着垦务的发展，商贸交易也渐次发展，其中尤以粮食交易为主。隆盛庄已成为较大的粮食集散地。四子王旗、武川、陶林、土牧尔台、兴和及凉城等地的粮食先汇集到隆盛庄，而后南输北京、天津、张家口和大同等地。1916 年（民国 5 年）平绥铁路修至丰镇，方便了京、津、张等地的往来，京津粮商、皮毛商纷纷涌入。1924 年（民国 13 年）、1925 年（民国 14 年）隆盛庄有二百余家商铺（附录 1），是陶林、集宁、凉城等县产品运销的主要集散市场（图 3-1）。

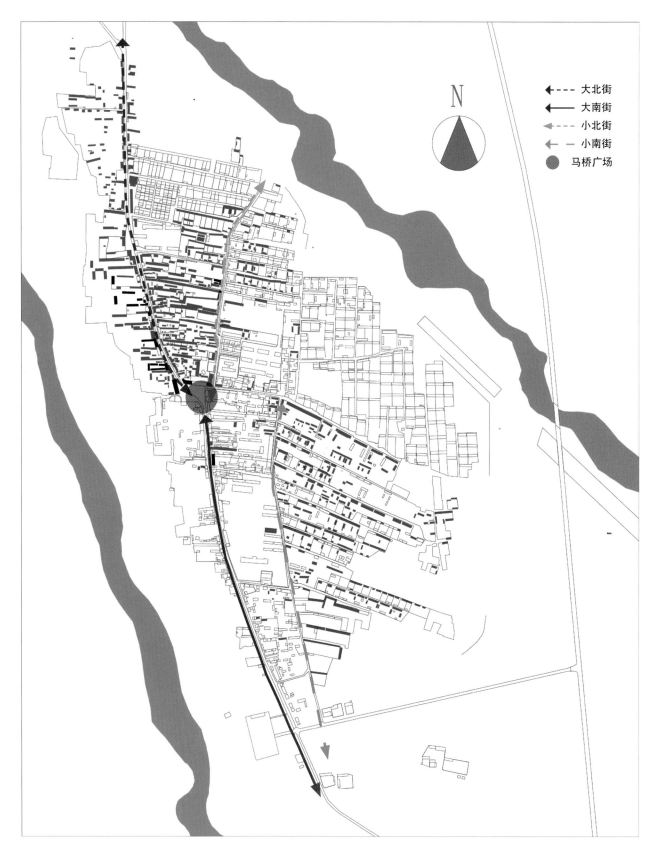

图3-2 商业建筑发展示意图

商肆建筑类型

　　隆盛庄村商肆建筑以沿街商肆建筑为主，部分是商肆建筑和民居建筑相结合。以商肆建筑空间布局形式划分，大体分为三种类型：场院式、独立店铺式、结合民居式。

　　场院式商肆建筑以民居合院形式为主，没有临街的店铺。其院子面积较大，内部空旷。其平面布局形式与民居布局形式较相似，也是合院的形式，只是院内建筑的功能相比民居建筑更加丰富。

　　独立店铺式商肆建筑由于只有临街店铺建筑，需要大量摆放出售的商品，所以一般开间很大，进深小。

　　结合民居式商肆建筑是介于场院式商肆建筑和独立店面式商肆建筑中间的一种建筑形式。这样的建筑空间功能混合，商住一体，生产、生活、销售等功能共同建立在一个单体院落空间之内。

图3-3 马桥广场周边商肆倾斜摄影模型截图

商肆建筑分布情况

　　隆盛庄的商肆建筑以马桥广场（图3-3）为中心，沿主、次街道呈放射状逐渐形成（图3-2 红色虚线）。受到山西、河北等地商肆的影响，形成隆盛庄主要的建筑类型。根据分布位置情况将隆盛庄商肆建筑分为三块区域：大南街、大东街的商肆建筑区域；大北街的商肆建筑区域；小北街的商肆建筑区域。

大南街、大东街商肆建筑区域

　　位于大南街上的商肆建筑由于解放后使用需求，多数被拆除新建，采用砖木结构，建筑造型为新中国成立后"苏式"建筑风格，沿街面多依据功能不同，组合形成独特风格；立面装饰为水刷石；装饰图案为竖条、横条、菱形等。与原有清末民初商铺风格迥异，与大北街相映生辉，独有一番古街巷的特色。

大北街商肆建筑区域

　　此区域商肆建筑主要为清末民初时期商肆建筑风格，铺面样式古老，一座座厚重的门洞及一排排完好的斗栱构件展现着本土特色，对隆盛庄商贸活动研究具有较高的历史价值。平面形制为"前铺后居"的样式，由于道路走向的原因与讲究的"风水"相抵触，沿街建筑并非与道路平行，而是呈一定的夹角。迎街铺面一般由门洞和售货门面构成，通过门洞进入后院，后院为供商铺主人及伙计居住、储存货物之用。

小北街商肆建筑区域

　　小北街由于有清真寺的存在，现在仍保留有一定数量的回民商肆建筑，回民的商贸往来通常在这里进行，其商肆建筑也是独具特色，至今还有两家"蜜酥"店仍在经营。与汉族商肆建筑虽有一定区别，但并不是很明显。同样是"前店后居"的构建方式，主要区别在于小北街用地较宽裕，商肆建筑迎街方向有的面积较大。商肆与居住形成了院落的空间，在院落的东、西侧作为商肆的铺面。部分的沿街建筑至今仍保留着可拆卸的木板门、木板窗户，售货时可以自由开合，拆卸木板后人们可以进入店铺购买商品。

商肆建筑现状

　　隆盛庄商肆建筑主要集中在大南街、大北街、大东街及小北街四条街道上。经过百年的变迁，附录1中所列出的商肆均已发生多次更迭。调研组通过采用挨家挨户的实地走访、拍照，并对照总图核实的方式对其商肆建筑进行调研。采用四个级别将隆盛庄商肆建筑分类，其中一级商肆建筑为5个，二级商肆建筑为12个，三级商肆建筑为12个，四级商肆建筑为151个，合计180个。现将具有代表性的12处商肆建筑予以介绍，其位置如图3-4。

◄---- 大北街
◄── 大南街
◄---- 小北街
◄── 小南街
● 马桥广场

❶ B-a12 商铺院落
❷ B-a13 大北街43号
❸ B-a15 车马大店
❹ B-a21 结合民居式商铺
❺ B-a22 商铺
❻ B-a41 王杨商铺
❼ B-a54 商铺大门
❽ B-b38 商铺院落
❾ B-a59 大同商店
❿ B- 红太阳饼屋
⓫ B-i12 商铺院落
⓬ B-i2 商铺院落

图3-4　商肆建筑位置分布图（底图来源：乌兰察布规划局）

B-a12 商铺院落

图 3-5　院落倾斜摄影模型截图

　　B-a12院落位于车马大店北侧（图3-5、图3-6），院落坐西朝东，整个院落的规模比较大，东西向长78.34m，南北向长31.22m。院落的现存建筑有正房，部分厢房及倒座，其中正房（图3-8）保存较为完整且规模较大，面阔7间，总长22.49m，进深8.74m，高6.25m。正房带前廊，廊柱施以柱础，课题组为其建立了正房点云图（图3-9）。正房南北两侧附耳房，单开间，高5.56m，北侧耳房已不存在。屋顶为双坡硬山顶，屋面筒瓦保存较为完好，瓦当、滴水部分尚存，正脊施筒瓦，垂脊上部施精美砖雕，下部以板瓦垒砌呈镂空状。木结构保存完整，因其特点建立了梁架点云图（图3-10），梁枋之间施镂空木雕荷花墩，雕饰精美，立面门窗已改建。山墙上做排山沟滴水，叠涩砖雕博风板，北侧山墙墀头雕刻细致，但部分已损毁丢失。北侧厢房（图3-7）保存较差，东侧五间尚存砖瓦，高5.43m，其余均为土坯房。南侧厢房已不存在，西侧为新建三层小楼。

图 3-6　院落现状照片

图 3-7　厢房现状照片

图 3-8　正房现状照片

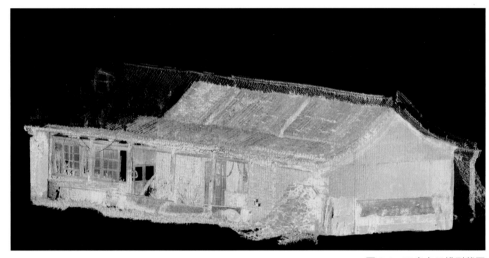

图 3-9　正房点云模型截图

图 3-10　梁架点云模型截图

B-a13 大北街 43 号

图 3-11　建筑整体倾斜摄影模型截图

大北街43号商铺（图3-11、图3-12），商铺立面形式较为独特，呈现着欧式风格的线脚与券拱，也体现出隆盛庄建筑的中西文化交流与融合的艺术风采。商铺面阔5.22m，高4.01m，立面构成以檐口的横向分割采用青砖立砌与反叠涩结合的形式，使立面呈上下两部分，纵向由顶部短柱与砖雕以及券拱将立面分为三段，券拱形门洞居中，高2.21m，宽1.37m。券窗分置两侧且门框、窗框保存原状。处于大北街繁华地段的43号商铺现为丰镇市级文物保护单位，因其形制较为特殊，为其建立了点云模型（图3-13）。

图 3-12　沿街现状照片

图3-13 商铺建筑点云模型截图

券拱上饰两层线脚，最外一层线脚末端卷曲颇具异域风格，券拱两端饰以仰莲。窗洞正上方为砖雕牌匾，但字迹已遭损毁漫漶不清。左右窗洞为券拱形，高1.36m，宽0.82m，仅存窗框。券拱上饰以几何形线脚，增强立面立体感。檐口为砖仿木结构（图3-14），不同于传统的圆椽与方椽的组合，其末端呈圆弧状，是一种中西结合的做法。檐口下部于牌匾两侧饰以宝瓶。檐口上部竖向分三段，中部为砖雕卷草纹（图3-15），左右两侧为四艺图，左侧饰书画，右侧饰琴棋，寓意鼓励后代读书求学。在三组砖雕上部出三层砖砌叠涩（图3-16）。

图3-14 沿街立面砖雕细节

图3-15 沿街立面砖雕细节

图3-16 沿街现状照片

B-a15 车马大店

图 3-17　车马大店正房东立面实景照片

　　B-a15 车马大店为单进院落，院内有供过往商人住宿休息的房间，还有安置车辆的空场地，进入院内，可将车马分离，车辆可在空场地内按序安置，由于车辆宽度较大，所以这样的商肆建筑类型的院门较大，方便车辆进出。院门尺寸根据测绘所得，大门高 3.12m，宽 3.60m，每扇门宽 1.80m，尺寸足够车马的进出。同时院落的空场也较大，以供进入车辆可以掉头出院，院落长约 81m、宽约 45m。大门正对的建筑是车马大店 B-a15 的正房（图 3-17），其东、南立面的点云详图见图 3-18。建筑为抬梁式结构，面阔七间。明间为接人待客的大厅，左右次间供主人居住，所有顾客都来这里办入住手续。建筑面阔 20.95m，进深 7.55m，面积约为 158m²。建筑外部有宽 1.44m 的外廊，起到遮挡风雨的作用，同时增加了建筑的层次感。外廊连接四步台阶，台阶宽 0.3m，高 0.15m。地面至正脊高度为 6.96m，车马大店的正房屋顶采用硬山式五脊双坡顶。

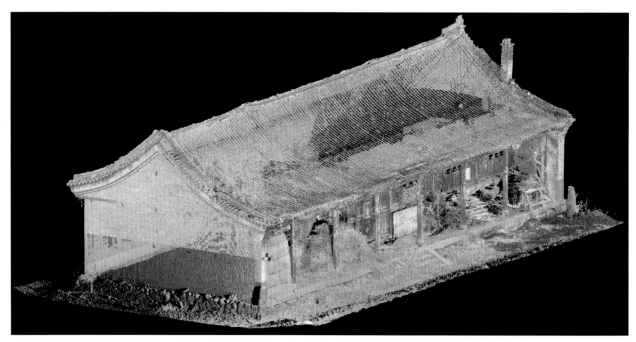

图 3-18　车马大店正房点云模型截图

　　该点云模型截图（图 3-18）为东南向西北俯视，该整体模型可度量到其各部分数据，根据测量结果可发现建筑整体结构体系相对完整。

图 3-19　车马大店山墙照片

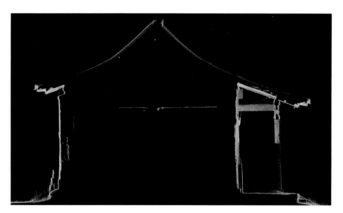

图 3-20　车马大店点云模型剖面截图

图 3-21　车马大店檐口照片

图 3-22　车马大店檐口点云模型截图

图 3-23　车马大店柱础照片

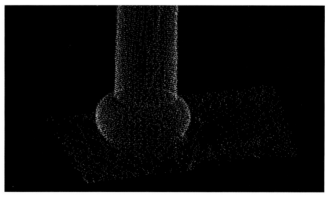

图 3-24　车马大店柱础点云模型截图

　　屋脊采用筒瓦垒砌出镂空的正脊装饰技法，墀头部位覆盖砖雕。装饰图案题材非常丰富，主要以一些带有吉祥寓意的植物纹样、动物纹样、云纹以及回纹图案为主。柱子施以红漆，但大多都已经脱落，现存梁、额枋没有彩绘、彩画，挑梁也只是简单地直接暴露出来，梁头用木雕的手法在造型上做处理。建筑的门都选用木质的单扇镶板门、双扇镶板门。窗户下面的槛墙和山墙的装饰采用简单的海棠池做法，其池心的位置抹灰粉刷，这种海棠池的形式在明清时期非常流行（图3-19）。右侧三张点云模型截图（图3-20、图3-22、图3-24）与左侧（图3-19、图3-21、图3-23）的三张实景照片相对应，可在点云模型中测量其数据，分析其结构内容。

图 3-25　车马大店北侧厢房照片

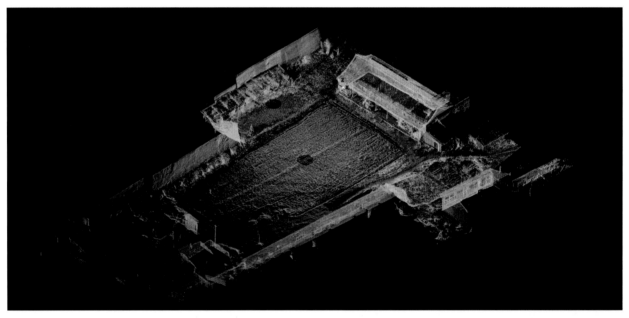

图 3-26　车马大店整体院落点云模型截图

　　现存北侧厢房是供客人休息住宿的房间（图 3-25），原有开间为十间，木结构保存较为完整，屋顶后期曾维修。大门南侧的房屋和小院落为储存货物的仓库。院落南侧两排马棚为客人提供充足的地方喂养马匹。正房北侧是供主人使用的小仓库，仓库后面为圈养牲畜的位置。建筑群体组合分明，流线简单，以场院空间作为人流集散地。以四合院的形式组成内向空间，采用的手法类似山西合院式布局，但与山西合院有很多不同之处，该院落具有单一序列的特征，建筑布局也非左右对称，平面呈现 L 形布置，更注重实用性。如图 3-26～图3-28 为该院落现状的整体点云模型及 CAD 东、南立面图，保留其完整的建筑数据信息。

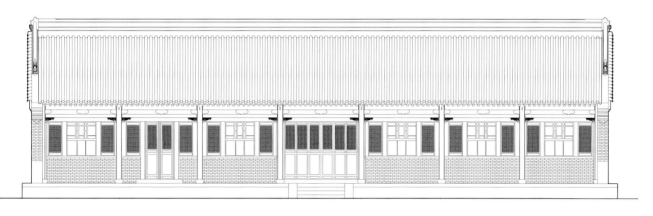

图 3-27　车马大店正房东立面 CAD 图

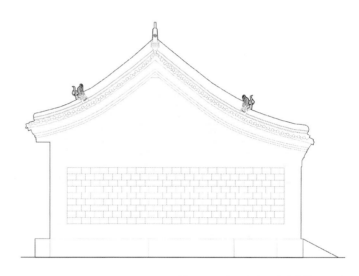

该院落为场院式商肆,具有商号、货栈等功能。由于职业的特殊性,不依靠柜台生意,所以一般不设置临街店铺,而是由大门直接进入院落内。该院落大门为 20 世纪 70 年代后期重建(图 3-29)。

图 3-28　车马大店正房南立面 CAD 图

图 3-29　车马大店大门照片

B-a21 结合民居式商铺

图 3-30　商铺沿街立面

　　B-a21临街店铺（图3-30）开间为12.94m，进深5.40m，面积约70㎡，建筑高4.95m。门为镶板门，双门尺寸高2.13m，宽1.60m，单门尺寸高2.13m，宽0.93m。建筑的墀头保留完好，砖雕为花草植物的图案，可以看出精湛的工艺。梁头为祥云形状的木雕（图3-31）。B-a21临街店铺是抬梁式木构架建筑，建筑材料为砖木，建筑立面以青砖砌筑，墙体内部是土坯。

图 3-31　梁头祥云雕刻

图 3-32　院落倾斜摄影模型截图

B-a21是结合民居式商肆建筑，由几座单体建筑围合成一个单进院落（图3-32），在临街店铺内设有后门直接通往后院民居，使临街店铺建筑与内部民居建筑具有较好的连通性，同时也在沿街的一侧设有门洞式出入口。院落内房屋功能各异，有储存原材料的库房，有加工米面的作坊，还有供人居住的房屋。这样的建筑空间功能混合，商住一体，生产、生活、销售等功能共同建立在一个单体院落空间之内。B-a21店铺紧连仓库和作坊，有直接进入仓库的门，方便货物的进出，靠西北的房间为主人居住的房间，开间为八间，门楼也可以单独通向院内。目前，据现场调研情况，院落现为大面积耕种田地。沿街建筑正脊保存完好（图3-33），滴水瓦当和檐口破坏严重（图3-34），挑檐木作保留原状（图3-35）。

图 3-33　正脊雕花细部

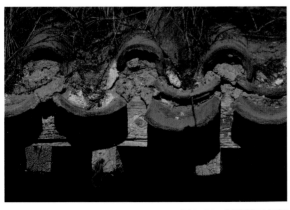

图 3-34　屋顶筒瓦细部

图 3-35　檐口细部

B-a22 商铺

图 3-36　沿街商铺照片

　　B-a22商铺是一处得到修缮并保存相对完好的商肆店面（图3-36），高5.56m，面阔10.38m，进深13.13m，包含一个门斗三个开间。房屋结构为中国传统的木构架体系，木质结构较完整，屋顶形式为硬山顶。瓦当部分残损，滴水丢失破损，正脊、雕花破损，垂脊部分保留部分砖雕。建筑本有门窗被修改。门斗保存完整，宽2.54m，高2.58m。

　　现存B-a22商铺已被当地居民改造为蒸祭馒头坊，同样是商铺的一种形式。虽然该处建筑早已陈旧，但是这种沿街商铺的经营模式得到良好的传承（图3-37）。

B-a22商铺沿街建筑的正脊砖雕采用植物纹样，代表着吉祥、如意、富贵、平安，反映了人们对美好生活的无限憧憬与寄托，雕刻精美（图3-38）。虽然历经百年历史，但纹样保留完好，可以看出当时砖雕技术的高超。隆盛庄商肆建筑的檐口做法与其他类型的建筑类似，结构逻辑明确，受力合理，是典型的中国传统建筑样式（图3-39）。

隆盛庄村商肆建筑的屋顶覆盖有瓦，屋檐上的瓦当与滴水相间连接，瓦由布筒瓦、布板瓦和瓦当组成，布板瓦前窄后宽，体量比筒瓦要小，筒瓦是半圆形的筒状，它的功能是铺设于两行板瓦之间，填补其露出的空隙。隆盛庄村商肆建筑的瓦当和滴水的图纹以兽面居多，也有如意云头和植物花草。B-a22商铺的瓦当已不再，仅留下部分的滴水（图3-40）。

图 3-37　建筑倾斜摄影模型截图

图 3-38　正脊雕花细部

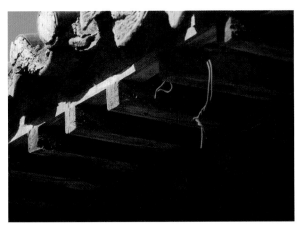

图 3-39　檐口细部

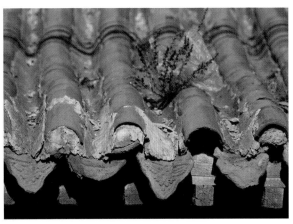

图 3-40　滴水瓦当细部

B-a41 王杨商铺

B-a41王杨商铺的院落整体坐西朝东，前店后宅的形式，原有的院落形制尚存(图3-41)。商铺大门主体结构保存较为完整（图3-42、图3-43），高5.42m。大门正脊与左侧垂脊及其上的脊兽损毁，瓦当与水滴部分残存。大门木质框架结构状况良好，仅部分略有形变，柱子立于半米台基之上，下施椭圆形柱础；板门保存完整以朱砂装饰，可见部分残存的红色。门钉部分遗失，铁饰保存完整，镂刻有"积"、"金"等文字，体现其作为商号的建筑属性。东侧商铺屋面保留部分筒瓦，北侧垂脊保存部分砖雕，雕饰精美。正房面阔9m，三开间，进深7.85m，高5.55m，其屋顶大部分已倾圮，但主体木构架保存较为完整。正房屋顶为双坡硬山顶，南侧山墙尚存，墀头保存较完整，饰以荷花、书卷等。从现存的门窗遗存可以看出建筑采用了交错斜棂式门窗，这种纹样相同的门窗形式使建筑的外立面保持整体风格相统一协调的效果。北侧厢房已改建翻新，面阔约33.21m，高4.23m，南侧厢房已不存。

图 3-41　王杨商铺大门照片

图 3-42　王杨商铺院落倾斜摄影模型截图

图 3-43　王杨商铺大门入口照片

图 3-44　王杨商铺厢房照片

图 3-45　王杨商铺正房现状照片

图 3-46　王杨商铺屋檐瓦片照片

　　王杨商铺现仍在被使用中，当地居民将大门进行微小调整，居住在北侧厢房中（图3-44），正房破败（图3-45），仅剩下结构部分以及屋檐瓦片（图3-46）。

图 3-47　王杨商铺梁架残留图

图 3-48　王杨商铺梁架点云模型截图

图 3-49　王杨商铺梁架点云模型截图

　　王杨商铺院落保存完整，建筑相对残败。但却能从残留的梁架（图3-47）中获得当时建造房屋的逻辑和做法。通过三维数据扫描得出的点云图（图3-48、图3-49），对建筑营造的方法有了更加明确的表现，同时也提高了今后对该建筑进行维修的准确性。

B-a54 商铺大门

由于商业功能的开放性，沿街单体建筑空间上需要与外部空间产生更多的联系，所以不像民居空间需要更多的私密性，而是尽可能多设开敞空间，B-a54整个沿街的东立面都是采用大面积可拆卸的门板（图3-50），尽量向人们展示，从而提高建筑空间自身的吸引力。B-a54曾经是绸缎、布店，以零售为主，并兼做各种成品的衣服，店铺内设有更衣室。当时是十分兴盛的店铺，现已不复存在。现存沿街建筑也早已失去昔日功能，改为烟酒超市，并且店面进行了大幅度的翻新和扩建，唯有房顶和连接门楼保存相对完好。

商铺大门上使用了斗栱作为门楼屋顶的结构支撑，门楼两侧墀头为花卉主题的石雕，外檐枋上设铁质门簪一对，檐柱置于石台之上，设椭圆形柱础。门扇装饰许多铁质的纹饰，内容有花卉、祥云以及一些蒙古族元素的纹饰图案，门扇边角设有祥云等样式的看叶。门扇上设有门钉四排与一对八角形门钹，整个门楼的形式在隆盛庄地区具有鲜明特色。

图3-50　大门入口照片

如图3-50为保存较为完好的门洞及木制门扇，通过测绘（图3-51、图3-52），运用三维扫描技术获得了点云图（图3-53、图3-54），从中可以探知当时其大门的做法以及规格，对了解隆盛庄商业发展历程具有重要作用。

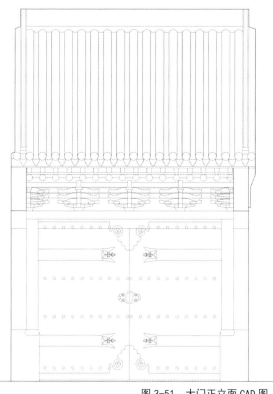

图 3-51　大门正立面 CAD 图

图 3-53　大门点云模型截图

图 3-52　大门剖面 CAD 图

图 3-54　大门梁架点云模型截图

B-b38 商铺院落

图 3-55　院落倾斜摄影模型截图

　　B-b38院落整体坐西朝东（图3-55），长33.80m，宽19.73m。保存情况一般。商肆朝东，东立面如图3-56，面阔五间，长17.46m，宽6.60m，高5.13m。从南向北的前三间上部有砖砌弧形窗洞，第四间为门洞。屋顶为双坡硬山顶，保存不完整，没有屋脊、瓦当、滴水。门洞有木雕、柱础，大门有门钉（图3-57）。商肆西面保存着原有的木楞窗，门前有一排柱廊，柱廊上有突出的蚂蚱头。正房坐北朝南面阔七间，长23m，宽5.67m，高4.4m。屋顶为不等坡硬山顶，南坡长北坡短。屋顶没有屋脊、瓦当。房屋经过修缮，铺设新瓦，山墙上没有装饰。

图 3-56　沿街商铺立面图

图 3-57　商铺入口透视图

图 3-58　商铺厢房透视图

图 3-59　商铺厢房点云模型截图

　　B-b38商铺厢房保存较为完好（图3-58），该厢房具有相当宽敞的外廊，起到遮风挡雨的作用。这种具有外廊的建筑形式，在隆盛庄较为普遍，外廊结构简洁明确，做法也较为朴素。

　　通过对其进行三维激光扫描，得到了厢房的点云数据模型图（图3-59），快速而高效地将厢房的重要数据采集出来，为后续的研究做好前期的数据铺垫。

B-a59 大同商店

图 3-60　建筑整体倾斜摄影模型截图

　　大同商店位于马桥广场西北角（图3-60），面朝西南，为近代建造。建筑沿街布置，形体呈L形（图3-61），夹角约120°，高6.63m。商铺共11间，西段面阔五间12.65m，进深6.24m。东段面阔七间17.75m，进深10.22m。立面采用水刷石，颜色呈浅灰。窗间有壁柱突出分隔立面，呈白色。窗户有外包窗套增强立面凹凸感，并与壁柱相呼应，窗框为木质。窗户上部的墙体分两段，下段以菱形几何图案装饰，三个菱形为一组相互叠加交错，上段墙体以连续的菱形图案装饰，其上有一连续的带状深灰色装饰。立面最上部有压檐两层（图3-62），体现出20世纪80年代建筑的技艺。

图 3-61　建筑现状照片

图 3-62　建筑沿街现状照片

B- 红太阳饼屋

图3-63　建筑整体倾斜摄影模型截图

红太阳饼屋是隆盛庄20世纪80年代建筑的代表之一，现状保存较好（图3-63）。其结构形式为砖混结构，当年作为办公楼使用。共有九个开间（图3-64），面阔31.0m，进深8.65m，两边各四开间，高度为7.53m，中间一开间，高度8.20m，共有两层。建筑外部装饰材料为水刷石（图3-65），体现了当时的建造工艺。

图3-64　建筑整体现状照片

图3-65　建筑材料细部

B-i12 商铺院落

　　B-i12院落整体坐西朝东（图3-66），长62.23m，宽23.58m，木质结构较完整。商肆（图3-67）朝东，面阔为五间，中间有一门楼（图3-68），长19.41m，宽7.12m，整体高4.81m，门楼高5.75m。门楼和商肆的屋顶均为双坡硬山顶，屋顶上已没有屋脊和瓦当、滴水，均用新瓦铺设。山墙上没有装饰。门楼木雕、挑檐石、柱子、柱础等保存完整。

图 3-66　院落整体倾斜摄影模型截图

图 3-67　沿街商铺现状照片

图 3-68　楼门入口现状照片

图 3-69　大门木架细部

荷叶墩在建筑装饰构件中处于十分重要的地位，是位于上下两层梁枋之间能将上梁承受的重量传到下梁的木墩或者说方形的木构件。在隆盛庄村商肆建筑中荷叶墩的装饰也是非常有讲究的，大多都是在柱中安放一个荷叶墩，如果是梁枋较长的情况，则安放两个。荷叶墩的样式大多数为椭圆形，装饰内容丰富多彩，但基本上都是寓意富贵吉祥的图案（图3-69）。

图 3-70　厢房透视图

B-i12商肆墙体经过修缮。正房坐北朝南，长52.4m，宽5.37m，高4.11m。屋顶为等坡硬山顶，正房和厢房经过修缮，没有屋脊、瓦当，铺设新瓦（图3-70），其中正房南面墙体新砌，原有木结构保存完好，面阔几间，由多栋房屋加建而成。厢房由当地多户居民改建为居住用房，古老的建筑继续发挥着价值。

B-i2 商铺院落

图 3-71　院落整体倾斜摄影模型截图

图 3-72　沿街商铺现状照片

B-i2院落整体坐西朝东（图3-71），长约30m，宽约12m。商肆朝东，面阔三间，南侧有一门楼及沿街商铺，长12.78m，宽8.73m，高5.58m（图3-72、图3-73）。商铺屋顶为等坡硬山顶，没有屋脊，保留有部分瓦当，滴水损毁。原有门窗保存完整，形式为隔扇门窗，建筑右侧窗下为砖砌槛墙，左侧为木质裙板。建筑依然保留着歇店打烊时铺挂的木板，屋檐下可见出挑的蚂蚱头，门上保留着原来的装饰纹理。

商肆南侧为门楼，门楼上仍保留原有的木雕、石雕，墀头尚存砖雕（图3-74），大门上留有门钉，木屋架整体保存完好（图3-75），木雕仍清晰可见（图3-76），木雕位于门楼檐枋下，采用镂空式的雕刻方式，主要起结构的支撑作用。檐柱置于石质台基之上，台基有简单的雕饰。正房坐北朝南，面阔五间，长16.98m，宽5.46m，高4.84m。屋顶为不等坡硬山顶，南坡长，北坡短，屋顶的正脊及瓦当缺失。房屋经过修缮，铺设新瓦，山墙上没有装饰。

图3-73 大门入口现状照片

图3-74 大门砖雕细部

图3-75 门楼屋架细部

图3-76 木雕装饰细部

04 民居建筑

　　隆盛庄现存古建筑最多、规模最大的是民居建筑，其中绝大部分为清嘉庆年之后建造，都有将近一百多年历史，部分建筑院落的历史更加悠久。隆盛庄地处乌兰察布市南部区域，常年干旱少雨，与晋北气候相仿。且隆盛庄地区居民多是清末民初时期来垦荒的晋中人。相应地带来了晋文化，其屋顶形式多样，有单坡、双坡、卷棚等形式。

　　清中期，隆盛庄地区商贸行业开始发展，随着来此定居的人越来越多，很多人采取了商肆加民居的建造形式，此时的民居建筑与商肆建筑是分不开的。它是最能真实反映隆盛庄历史价值的载体。隆盛庄民居所保留的独特院落样式、建筑样式及更为独特的大门形制蕴含着非常高的历史价值。俄罗斯学者阿·马·波兹德涅耶夫曾路过隆盛庄考察，他所写的《蒙古及蒙古人》的译本上记载了"隆盛庄是从张家口到归化城的这条大路上最大的居民区之一，位于南碧河的两侧，有许多互不相连的山丘，这使它具有一种独特的风光。这里的房屋大部分都有非常高大的院墙，好像是一座座仓库。"

民居院落类型

　　隆盛庄民居多传承于晋北民居，其建筑与装饰风格也与晋中民居非常相似，等级分明，布局严谨。通常民居院落由正房、东西厢房、倒座、入口门楼及院墙部分共同围合而成，沿纵向或横向组织布置。总的来说隆盛庄民居院落包括单进式、多进式的大型院落。

图4-1　隆盛庄小南街民居倾斜摄影模型截图

　　四合院根据其所处的位置、人口规模及财力建造。隆盛庄的民居一般都布置在次街道和巷道里，且隆盛庄地区街巷网络都是呈网格形状布置，巷与巷之间的距离比较近，因而隆盛庄大多数的四合院形制多为单进式四合院（图4-1）。

单进式

　　单进式是民居院落最常见的形式，也是基本单元。由于古镇地理位置的限制以及晋文化的影响，当地民居巷道都较为狭长，两侧布置民居，或有一侧作为民居院落背面。院落多为南北向布置，正门位于院落南侧墙体偏东。

多进式

　　隆盛庄民居多进式四合院只发现两处，以二进院落为主。二进院落即有两个庭院，前院和后院。前院公共性较强，主要为会客区，后院私密性较强，主要为日常生活所用。

　　多进式院落民居在隆盛庄仅有少量发现。据调研的结果显示，原有的数量较多。导致多进式院落并不多见的主要原因，是土地国有化后又重新分配土地，使得隆盛庄民居建筑院落大都被拆解为两个或者多个院落，或直接将建筑分为几个房屋出租给人们。这些新分配房屋也多有买卖、拆除及新建，从而多进院落被改造成若干个单进院落。即使是在一个院落里，也存在一栋建筑多个户主的情况。

民居建筑现状

隆盛庄民居建筑形态主要是受晋北地区民居风格影响较大，不论是建筑造型还是院落的布置都与晋北地区民居有很多相似地方。这里先将隆盛庄的民居建筑分为小南街居民区、东门居民区、清真寺巷北居住区、回民居住区和小北街零散住户居住区五大区域。其中小南街居民区为占地面积最大区域，东门居民区、清真寺巷北居住区次之，回民居住区与零散户居住区最小。

古建筑和古建筑院落保存最好的区域为小南街居民区，其次为回民居住区、清真寺巷北居住区，小北街部分零散住户居住区也有保存较好的民居建筑，东门居民区大部分建筑及院落等级较低，或已拆建成新的砖瓦房，或已坍塌，但也不乏保存较好的建筑，如大东街上的 R-k51 民居建筑（图 4-2）。

❶ R-d45 一峰巷34号
❷ R-c46 四阴阳巷4号
❸ R-d33 一峰巷24号
❹ R-d31 一峰巷22号
❺ R-d27 段家大院
❻ R-d37 一峰巷27号
❼ R-c21 公义巷8号
❽ R-k51 大东街36号
❾ R- 元宝巷3号
❿ R- 元宝巷4号
⓫ R-j54 民居
⓬ R-j53 民居
⓭ R-k31 杨树巷1号
⓮ R-k33 杨树巷3号
⓯ R-k35 杨树巷5号
⓰ R-g21 德和巷3号
⓱ R-g19 德和巷1号
⓲ R-b54 福胜巷2号

◀---- 大北街
◀── 大南街
◀---- 小北街
◀ ─ 小南街
● 马桥广场

○ 小南街居民区
○ 东门居民区
○ 清真寺巷北居住区
○ 回民居住区
○ 小北街零散住户居住区

图4-2 典型民居建筑位置分布图（底图来源：乌兰察布规划局）

R-d45 一峰巷 34 号

R-d45一峰巷34号为丰镇市历史建筑，其建筑形制保存完整，院落整体坐北朝南（图4-3），长29.17m，宽17.82m，是标准的一进式四合院形制。院落北侧为正房，面阔四间，长17.82m，宽6.23m，高5.52m（图4-4）。屋顶为双坡硬山顶，梁头出挑做雕刻装饰处理，门窗形式已经被替换，槛墙采用落膛心的做法。南房长9.35m，宽5.32m，高4.45m（图4-5）。东西厢房长15m，宽5.2m，高4.4m（图4-6）。

图4-3 一峰巷34号院落现状照片

图4-4 一峰巷34号正房现状照片

图4-5 一峰巷34号南房现状照片

门楼（图4-7）位于院落的东南侧，宽2.45m，进深4m，高4.14m。屋顶采用筒瓦、虎头瓦当、滴水，檐柱延伸到底，置于柱础之上。门楼上有木雕装饰，镂空式花卉木雕置于枋间，两侧砖墙上做条石出挑承托墀头，从墀头的每一层叠涩可见精美砖雕。楼门上槛设有双门簪，门扇上门钉三排，底部设有铁质看叶，门铍保存较好，依然能清晰地看出其兽头的样式。

该院落整体格局完整，组成合院的正房、厢房、倒座均保持其原有的形制。东西厢房面阔四间，厢房槛墙落膛心处做菱形图式装饰，墙体窗台略有变形（图4-8），木构架完好，檐柱顶端有穿插枋出挑雕刻做桃尖状（图4-9），砖石构件缺损部分有待于修缮。

图 4-6　一峰巷 34 号西厢房现状照片

图 4-8　一峰巷 34 号西厢房窗下墙

图 4-7　一峰巷 34 号大门现状照片

图 4-9　一峰巷 34 号梁架搭接示意图

R-c46 四阴阳巷 4 号

图 4-10　四阴阳巷 4 号倾斜摄影模型截图

　　R-c46 四阴阳巷 4 号为单进院落（图 4-10），房屋坐北朝南，东西宽 22.00m，南北长 39.61m，现已无人居住。正房的结构体系为木构架，保存完整（图 4-11），面阔 22.00m，进深 6.98m，高 5.56m，七开间有廊柱，屋顶形式为单坡覆瓦，西厢房残破，东厢房已被改建。正房建筑设有外廊且装饰华美，建筑室外保留许多精致的木雕，如檐柱两侧的卷草纹花牙子，檐柱顶端的叠梁出挑处做云头、桃尖状，以及前廊枋间的荷叶墩（图 4-12～图 4-14），部分木构件残留了原有的彩画装饰（图 4-15）。砖雕保存较为完整（图 4-16），院落中的建筑建造工艺较高，砖雕、木雕、石雕、彩画等建筑装饰内容丰富，反映出院落主人的财力雄厚，整个院落建筑具有很高的艺术价值。

图 4-11　四阴阳巷 4 号正房现状照片

图 4-12　四阴阳巷 4 号屋檐细节图

图 4-13　四阴阳巷 4 号梁架细节图

图 4-14　四阴阳巷 4 号屋架细节图 1

图 4-15　四阴阳巷 4 号屋架细节图 2

图 4-16　四阴阳巷 4 号墀头细部

R-d33 一峰巷 24 号

图 4-17　一峰巷 24 号正房现状照片

图 4-18　一峰巷 24 号山墙细部照片

　　R-d33 一峰巷 24 号院可上溯到民国初期，院落坐北朝南，南北长 34.71m，东西宽 22.00m。院内建筑分为正房（图 4-17）和西厢房（图 4-19）、东厢房（图 4-20），厢房左右两侧沿中轴线对称布置，形成了方形院落。其中正房面阔 20.65m，进深 6.28m，高 5.19m。该院落整体破损严重，屋脊、砖雕、瓦当、滴水、勾头、墀头等砖构件保存基本完好（图 4-18）。宅门形制保存较为完整。宅门不是直接开于墙上，而是与倒座房相连。据当地居民介绍，规格较大的宅门是当时有钱人家常用，不仅体现了财富和地位，而且便于马车的出入。

图 4-19　一峰巷 24 号西厢房现状照片

图 4-20　一峰巷 24 号东厢房现状照片

图 4-21　一峰巷 24 号大门现状照片

图 4-22　一峰巷 24 号大门内祭梁文书

　　宅门体积大于其他院落宅门。其形制为圆拱形，门楣有雕刻，但雕刻的图案已被损毁。除了门楣的雕刻，宅门两侧也有花草、云纹图样的雕刻（图 4-21），大门内侧为单坡顶，木架保存完整，木梁尚存修建时的祭梁文书"中华民国岁次乙亥年仲秋月上浣初四日吉时立"（1935 年 9 月 1 日）（图 4-22）。该院落的木构件雕刻保存相对完好（图 4-23～图 4-25）。

图 4-23　一峰巷 24 号大门内侧现状照片

图 4-24　一峰巷 24 号窗细部照片

图 4-25　一峰巷 24 号细部照片

R-d31 一峰巷 22 号

R-d31一峰巷22号，院落（图4-26、图4-27）坐北朝南，南北长47.06m，东西长21.37m。原为两进院落现已残毁，院落中部的过厅消失，但整体的合院形制尚存。正房（图4-28）保存较好，三正四朵式，其面阔21.37m，进深6.86m，高5.44m，坐落在一层石质台基上，台基高0.35m，台基上设垂带踏跺。正房带前廊，前廊檐枋之间施荷叶墩，下部施卷草纹雀替廊，抱头梁出挑处做雕饰处理，廊柱施以柱础，后期经改造加以外墙。屋顶为单坡硬山顶，屋面筒瓦保存完好，瓦当、滴水部分残存，木结构保存完整，立面门窗已改建。东侧山墙墀头雕刻有书卷、牡丹等纹饰，保存完整。东侧厢房（图4-29）已改建，西侧厢房（图4-30）保存较差部分已坍塌，残存部分面阔15.97m，进深5.92m，高4.32m。

图 4-26　一峰巷 22 号倾斜摄影模型截图

图 4-27　一峰巷 22 号院落现状照片

图 4-28 　一峰巷 22 号正房现状照片

图 4-29 　一峰巷 22 号东厢房现状照片

图 4-30 　一峰巷 22 号西厢房现状照片

大门保存较为完整（图4-31），面阔4.81m,高5.48m,板门保存完整，门钉部分遗失，门环保存完整。大门立面分上下两段，下段主要部分为券拱形门洞，门洞宽2.16m,高2.58m,两侧有突出的壁柱。券拱上方有两层线脚装饰，最外一层为砖雕竹节。券拱两端落在石质基础上，壁柱和屋檐连接处施以砖雕（图4-32），两端有砖雕牡丹装饰（图4-33）。在门洞上方有一段砖雕仿垂花门装饰，保存较完整，但部分构件遗失。在其上有一砖雕牌匾，字迹已损毁不存，左右各有一方形砖雕装饰，装饰部分不存，仅存仰莲线脚。

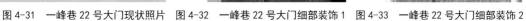

图 4-31 　一峰巷 22 号大门现状照片　图 4-32 　一峰巷 22 号大门细部装饰 1 　图 4-33 　一峰巷 22 号大门细部装饰 2

R-d27 段家大院

R-d27段家大院是目前隆盛庄保存最为完好的民居院落之一（图4-34、图4-35），正房保存较为完整，面阔七开间，三正四耳式，即由三开间为正房，左右各两开间为耳房，正房高约5m，耳房高约4m。屋顶为单坡硬山顶，正房屋面与山墙高于耳房，屋顶垂脊、瓦当等较为完整，垂脊处做精致卷草砖雕且有垂兽位于脊端，正房山墙出檐部分做木质博风板并雕刻卷草纹。正房槛墙做海棠池，槛墙的池心部分雕刻荷花图案，岔角做砖雕装饰。建筑中所用的砖雕与木雕等装饰精致且工艺考究，具有较高的艺术文化价值。厢房的后期在原有位置进行了改建，结构为砖木结构，仍遵循原有的建筑尺度。大院由于产权划分为三个独立的院落。如图4-36、图4-37对比可反映院落空间的前后变化。

图 4-34 段家大院正房现状照片

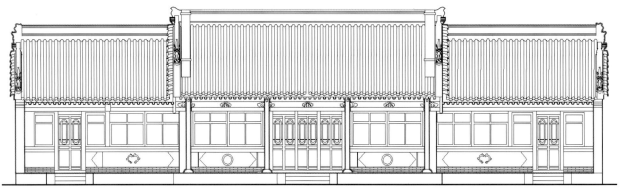

图 4-35 段家大院正房 CAD 立面图

图4-36　段家大院点云模型截图

图4-36为2015年调研时三维扫描图，此时院落仍保持原状，房屋保存原貌。

图4-37为2016年调研时三维倾斜摄影截图，此时的院落已被纵向分割为三部分，横向新建了房屋。

图 4-37　段家大院倾斜摄影模型截图

图 4-38　段家大院正房点云模型截图

图 4-39　段家大院垂脊细部照片

图 4-40　段家大院屋脊细部照片

图 4-41　段家大院屋檐细部照片

图4-42　段家大院驼蹾细部照片

图4-43　段家大院柱础细部照片

图4-38为段家大院正房的点云图。其细部装饰如屋脊、檐口、木雕、砖雕保留相对完整（图4-39～图4-44）。通过三维激光扫描，将其完整的信息予以记录，进一步丰富了古建筑保护的手段（图4-45）。

图4-44　段家大院窗下墙砖雕装饰细部照片

图4-45　段家大院点云模型截图

R-d37 一峰巷 27 号

图 4-46　一峰巷 27 号正房现状照片

　　R-d37一峰巷27号是多进式的民居院落之一。院落长56.98m，宽22.20m。原为两进院，第一进院被改建，过厅被拆除整合为一个院落。房屋结构为传统的木构架体系，木质结构完整、装饰精美。正房保存较为完整（图4-46），坐北朝南，建于台基之上。建筑面阔五间，其中三开间为正房且设有柱廊，两侧耳房各一间，三正两耳式，建筑高6.35m，面阔10.15m，进深7.52m。西耳房高5.78m，面阔5.85m，进深6.23m。东耳房高5.77m，面阔6.15m，进深6.79m。第二进东厢房略有破损（图4-47），主体结构完整尚可使用，面阔15.62m，进深5.96m，高4.92m。西厢房坍塌严重，但木构架基本完整（图4-48），面阔16.06m，进深6.14m，高4.86m。原第一进院西厢房位置已改建为简易的库房，东厢房屋顶严重变形（图4-49），面阔15.44m，进深5.72m，高4.24m。

图 4-47　一峰巷 27 号第二进院东厢房现状照片

图 4-48　一峰巷 27 号第二进院西厢房现状照片

图 4-49　一峰巷 27 号第一进院东厢房现状照片

图 4-50　一峰巷 27 号正房屋檐细部照片 1

图 4-51　一峰巷 27 号正房屋檐细部照片 2

正房屋顶形式为硬山顶，屋顶正脊、垂脊（图 4-50）、滴水、瓦当等较为完整，正脊、垂脊部分砖雕精美，正脊两端存有被破坏的脊兽，屋檐细部雕刻细致（图 4-51）。该院落为典型的多进式院落之一，具有可修复要素，调研组为其整体建立了点云模型（图 4-52）。

图 4-52　一峰巷 27 号正房点云模型截图

R-c21 公义巷 8 号

　　R-c21 公义巷 8 号是保存较好的民居院落之一。传统的一进式四合院，院落长 29.80m，宽 19.79m。房屋结构是传统的木构架体系，木质结构完整，装饰精美，砖雕、木雕样式较为齐全。正房保存较为完整（图 4-53、图 4-54），坐北朝南，为五开间，高 4.72m，面阔 16.49m，进深 6.10m。屋顶形式为单坡硬山顶（图 4-55），屋顶正脊、垂脊、滴水、瓦当等较为完整，正脊由花卉题材的砖雕与瓦花格式的屋脊装饰构成，从而形成了虚实结合的视觉效果，可见其在建造手法上的艺术考究。正脊两端设有脊兽，虽有部分残损，但仍可以看出其雕刻手法细腻与样式精美，正房的垂脊部分同样也做了许多精致的砖雕。门窗的木构件（图 4-56）以及屋脊的细部雕刻细致（图 4-57），槛墙为落膛心式，内做菱形铺砖装饰。合院的东西厢房有破损（图 4-58），西厢房面阔 15.53m，进深 5.65m，高 4.56m，屋顶被修建为黏土瓦屋顶。东厢房面阔 15.02m，进深 5.61m，高 5.14m，建筑高度低于正房，同样采用单坡的屋顶形式，从现存东厢房的门窗构件可以看出厢房采用的是板门方格支摘窗，图 4-59 是为东厢房建立的点云模型，为其复原保留了详实的数据。

图 4-53　公义巷 8 号正房现状照片

图 4-54　公义巷 8 号正房点云模型截图

图 4-56　公义巷 8 号窗户细部照片

图 4-57　公义巷 8 号影壁装饰细部照片

图 4-55　公义巷 8 号倾斜摄影模型截图

图 4-58　公义巷 8 号厢房现状照片

图 4-59　公义巷 8 号厢房点云模型截图

图 4-60　公义巷 8 号大门现状照片

图 4-61　公义巷 8 号大门点云模型截图

图 4-62　公义巷 8 号影壁现状照片

　　大门位于院落西北角,正房西侧。门楼形式为中西合璧式(图 4-60、图 4-61),保存较为完好,门楼为砖砌拱券的形式,砖雕细部精美,高 3.64m,长 1.90m,进深 2.21m。门洞高 2.17m,宽 1.45m,略有残缺。影壁位于西厢房北侧,整体为砖砌,各部分的组成构件均相对完整,略有残损(图 4-62)。

该院落内仍保留了初建时的原始面貌，如东厢房内保留的原有水井。但其现状不容乐观，如图 4-63 木构架歪闪严重。如图 4-64 与图 4-65 分别为 2016 年 4 月和 2018 年 5 月两次调研时的照片，相比较东厢房的墙体在两年间已有所损毁，2019 年 9 月再次到隆盛庄时该厢房已全部坍塌，这种状况在其他院落也时有出现，亟需开展修缮工作（图 4-66）。

图 4-63 公义巷 8 号东厢房残损梁架细部照片

图 4-64 公义巷 8 号东厢房（摄于 2016 年）

图 4-65 公义巷 8 号东厢房 （摄于 2018 年）

图 4-66 公义巷 8 号东厢房 （摄于 2019 年）

R-k51 大东街 36 号

图 4-67　大东街 36 号正房现状照片

图 4-68　大东街 36 号西耳房现状照片

R-k51 大东街 36 号院落坐北朝南，为单进式院落，东西长 33.69m，南北长 3.68m，院落呈梯形，仅存正房、大门及部分东厢房。正房面阔五间 16.36m，进深 7.98m，高 5.71m（图 4-67），屋顶为双坡硬山顶，正脊由砖叠砌而成，屋面筒瓦、瓦当、滴水保存较好，墀头部分有牡丹、卷草、仰莲等砖雕纹饰，立面已改建。

图 4-69　大东街 36 号东厢房现状照片

图 4-70　大东街 36 号花纹砖雕

正房东西各有一耳房，屋顶为卷棚硬山顶。西侧耳房面阔两开间 5.84m，进深 6.46m，高 4.56m（图 4-68），东侧耳房面阔两开间 6.59m，进深 6.62m，高 4.33m，屋面保存完整，立面已改建。

东侧厢房残存部分面阔三间 9.76m，进深 6.45m，高 4.22m（图 4-69），屋面瓦已不存，木结构尚存，立面格扇及门板等木结构部分保存。

大门面阔 3.75m，高 4.59m，结构完整，板门保存完整，门钉部分遗失，铁饰保存完整，镂刻有寿字纹、金钱纹、卷草纹。两侧山墙墀头装饰为卷草纹，山墙顶部各有一组花纹砖雕（图 4-70～图 4-73）。2019 年课题组当再次进入隆盛庄时，发现门楼已经坍塌，十分令人惋惜（图 4-74、图 4-75）。

图 4-71　大东街 36 号大门檐口砖雕细部照片

图 4-72　大东街 36 号大门照片（摄于 2018 年）

图 4-73　大东街 36 号大门正面照片（摄于 2018 年）

图 4-74　大东街 36 号大门现状（摄于 2019 年）

图 4-75　大东街 36 号大门正面现状（摄于 2019 年）

R-d2 元宝巷 3 号

　　R-d2元宝巷3号是典型的四合院形制（图4-76），院落坐北朝南，东西长17.65m，南北长24.73m。正房（图4-77、图4-78）及西厢房保存相对较好，其中正房面阔17.65m，进深6.45m，高5.20m。东厢房已被损坏，但整体院落布局相对完整。其正门入口处还保存了原有的影壁（图4-79、图4-80），即东厢房的南墙，影壁为砖砌结构，整体保留了原有的清晰的构件，建筑细部精美细致，尤其在砖雕仿木斗栱的做法上较为独特，在目前隆盛庄内罕见，唯独缺失佛龛。倒座共三开间（图4-81），梁架脱榫，歪斜严重，西侧开间已近坍塌。已对其院落进行了整体的扫描，特别是西厢房的现状点云数据（图4-82），为以后的修缮提供了宝贵的资料。

图 4-76　元宝巷 3 号倾斜摄影模型截图

图 4-77　元宝巷 3 号正房现状照片

图 4-78　元宝巷 3 号正房点云模型截图

图 4-79　元宝巷 3 号影壁现状照片

图 4-80　元宝巷 3 号影壁点云模型截图

图 4-81　元宝巷 3 号倒座现状照片

图 4-82　元宝巷 3 号厢房正立面点云模型截图

R-d1 元宝巷 4 号

　　R-d1元宝巷4号是典型的一进式四合院（图4-83），院落坐北朝南，东西长17.20m，南北长24.46m，布局规整，保存完整。院落正房（图4-84、图4-85）、东西厢房（图4-86、4-87）与倒座的梁枋等主要结构状态良好，均为单坡硬山顶，是小南街元宝巷民居建筑的典型代表。倒座（图4-88）与正房、厢房同为单坡屋顶，其砖砌的"四角落地"的砖垛及土坯墙体的构造体现着传统做法。大门位于院落的东南角且在其大门入口较完整地保存了影壁（图4-89、图4-90），即东厢房的南侧山墙，建筑细部精美细致，唯独缺失佛龛。

图 4-83　元宝巷 4 号倾斜摄影模型截图

图 4-84　元宝巷 4 号院落点云模型截图

图 4-85　元宝巷 4 号正房现状照片

图 4-86　元宝巷 4 号东厢房现状照片

图 4-87　元宝巷 4 号西厢房现状照片

图 4-88　元宝巷 4 号倒座现状照片

图 4-89　元宝巷 4 号影壁点云模型截图

图 4-90　元宝巷 4 号影壁现状照片

R-j54 民居

图 4-91　正房现状照片

　　R-j54民居院落坐北朝南，东西厢房已拆除并新建，正房面阔三间（图4-91），正脊、垂脊损毁，瓦当、滴水部分遗失，檐檩、垫板、檐枋等构件尚存。正房的建筑装饰内容丰富，极具特色，虽然其建筑规模不大，但仅门窗上现存的窗棂雕花图案就达四类，有像步步锦这类单一样式的隔窗，还有多种纹饰组合的样式，如建筑上的镶板门（图4-92），门两侧的花隔窗木雕纹饰组合繁杂，形式十分精美（图4-93）。正房槛墙处做落膛心，中心处以菱形铺砖装饰，四角配以不同花卉的砖雕。整个正房建筑具有极高的艺术价值，反映了隆盛庄地区传统民居建筑精湛的建造技艺与高超的雕刻手法。

图 4-92　门窗细节

图 4-93　窗户细节

图 4-94　正房现状照片

　　R-j53民居院落坐北朝南，东西厢房已拆，正房面阔三间(图4-94)，屋顶部分已改建，檐檩、垫板、檐枋等构件尚存，墀头部分保留较好，砖雕工艺精湛(图4-95、图4-96)。

图 4-95　墀头装饰正面照片

图 4-96　墀头装饰侧面照片

R-k31 杨树巷 1 号

R-k31 杨树巷 1 号是保存相对较好的民居院落之一。院落长 25.61m，宽 23.58m（图 4-97）。房屋结构原为传统的木构架体系，木质结构较为完整，部分已被翻新。正房屋顶保存较完整（图 4-98），门窗墙体已被修缮，坐北朝南，为五开间，即由三开间为正房，二开间为耳房，正房高 5.16m，面阔 15.70m，进深 6.07m，西耳房已被翻新，屋顶被修建为黏土瓦屋顶，门窗墙体已被修缮，高 4.40m，面阔 3.43m，进深 5.31m，东耳房门窗墙体也已被修缮，高 4.19m，面阔 4.02m，进深 5.34m。屋顶形式为硬山顶，屋顶正脊、垂脊、滴水、瓦当等较为完整，正脊、垂脊部分砖雕精美，屋檐细部雕刻细致。东西厢房略有破损，东厢房门窗墙体已被修缮（图 4-99），面阔 14.32m，进深 5.89m，高 4.06m。西厢房面阔 12.51m，进深 6.23m，高 4.03m（图 4-100）。南房为新建房屋，面阔 5.91m，进深 3.26m，高 3.42m。

图 4-97 杨树巷 1 号院落局部现状照片

图 4-98 杨树巷 1 号正房现状照片

图4-99 杨树巷1号东厢房现状照片

图4-100 杨树巷1号西厢房现状照片

图4-102 杨树巷1号正房正脊细部

图4-103 杨树巷1号正房正脊细部

倒座坍塌仅剩南墙，成为院墙存在，南墙完整地保留着原有的砖砌构造的做法（图4-101）。大门与南墙相连，位于院落的东南角，现已翻新，保留木制大门，大门门钉部分丢失。

该建筑保留了较为完整的砖雕（图4-102、图4-103）。部分的细部构造做法对修缮起到借鉴的作用（图4-104）。

图4-101 杨树巷1号院墙现状照片

图4-104 杨树巷1号东厢房檐口细部

R-k33 杨树巷 3 号

　　R-k33杨树巷3号院落整体坐北朝南，属于标准的四合院形制。正房坐北朝南（图4-105、图4-106），面阔五间，长21.12m，宽6.37m，高5.52m，单坡顶，坐落在一层的台基上。正脊砖雕精美。东厢房长12.59m，宽5.32m，高4.32m。南房长13.65m，宽4.11m，高4.03m。虽破损严重，但部分木棂窗和格扇板门保存较好。

　　门楼在南房东侧（图4-107、图4-108），板门尚存，门上有门钉，大门两侧有凸出的砖砌壁柱，壁柱中部上方半圆形拱券，拱券上方有仿木垂花造型雕刻，壁柱上部有砖仿斗栱造型的装饰，斗栱间有砖雕花饰。檐口的飞椽同样采用砖石仿木结构，整个门楼的砖雕十分华丽。

图 4-105　杨树巷 3 号正房现状照片

图 4-106　杨树巷 3 号正房点云模型截图

从门口进入可看到一照壁（图4-109、图4-110），照壁做雕砖雕硬山顶，但部分滴水、瓦当已破损。与门楼一样，照壁从上到下都有用砖石仿制的飞椽、垂花，照壁下方还有线脚，照壁中间的佛龛雕刻图案已经破损。

如图4-107、图4-109通过三维激光扫描，为该建筑点云模型保留详实的数据。将其完整的信息予以记录，进一步丰富了古建筑保护的手段。

图4-107　杨树巷3号大门点云模型截图

图4-108　杨树巷3号大门现状照片

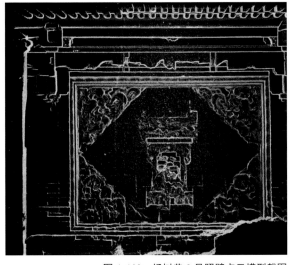

图4-109　杨树巷3号照壁点云模型截图

图4-110　杨树巷3号照壁现状照片

从图4-111、图4-112可以看出，建筑的砖雕细部体现了晋北风格，具有很高的艺术价值。

图4-111　杨树巷3号照壁的砖雕细部照片

图4-112　杨树巷3号门楼的砖雕细部照片

R-k35 杨树巷 5 号

图 4-113 杨树巷 5 号院落现状照片

　　R-k35杨树巷5号院落整体坐北朝南（图4-113），四合院形制，但无照壁。东西长21.47m，南北长25.65m。大门保存完整（图4-114），面阔4.72m，高4.02m，板门保存完整，门钉部分遗失，大门分上下两段，下段发圆形拱券门洞，两侧有突出的壁柱。券拱上方有两层线脚装饰，下层线脚两侧有卷草纹饰，部分损毁。门洞正上方、两层线脚中间有一砖雕牌匾，字迹损毁不清。大门顶部近期用砖砌成三角形，并用砖雕图案（图4-115）。

　　正房坐北朝南（图4-116），面阔五间，长21.47m，进深5.03m，高4.8m，单坡顶，正脊部分损毁，门窗已改建。

图 4-115 杨树巷 5 号大门山花细部　　　　　　图 4-114 杨树巷 5 号大门现状照片

东厢房长11.7m，宽5.8m，高4.04m（图4-117）。西厢房长11.45m，宽5.8m，高4.18m。南房长6.13m，宽4.11m，高3.45m。东厢房、西厢房、南房均已改建，用新黏土砖瓦铺设，山墙墀头无装饰（图4-118）。

房屋整体内部木梁架保存完整（图4-119），历经多年依然发挥着最初的作用。

图 4-116 杨树巷 5 号正房现状照片

图 4-117 杨树巷 5 号东厢房现状照片

图 4-118 杨树巷 5 号山墙檐口细部

图 4-119 杨树巷 5 号大门梁架细部

R-g21 德和巷 3 号

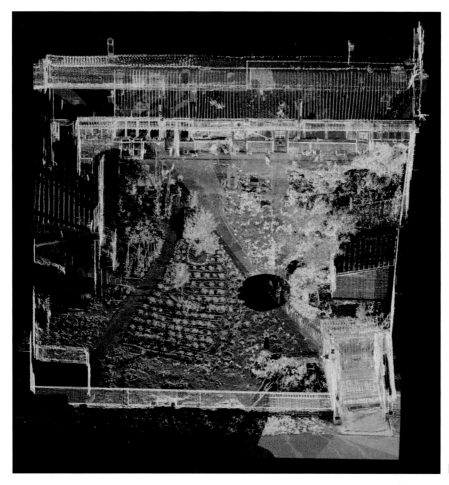

图 4-120 德和巷 3 号鸟瞰点云模型截图

图 4-121 德和巷 3 号正房现状照片

图 4-122 德和巷 3 号大门现状照片

图 4-123 德和巷 3 号大门点云模型截图

R-g21德和巷3号院落整体坐北朝南，东西长23.00m，南北长29.75m(图4-120)，正房坐北朝南，长23.00m，进深6.35m，高4.54m，双坡硬山顶(图4-121)。正脊、瓦当、滴水少量损毁，垂脊尚存，但无装饰，门窗已改建。

东西厢房为近期新建。东厢房面阔10.16m，进深4.51m，高3.05m，单坡硬山顶。西厢房面阔5.68m，进深4.28m，高3.13m，单坡硬山顶。

院落东南角留存了一座保存较为完整的门楼(图4-122)木结构保存完好。门楼面宽3.52m，进深7.57m，高4.34m，双坡硬山顶(图4-123、图4-124)。瓦当、滴水部分遗失。檐檩、垫板、檐枋等构件尚存，木构件雕刻精美(图4-125)。柱础完整，板门无门钉，门环尚存。墀头可见挑檐石和砖雕(图4-126)。

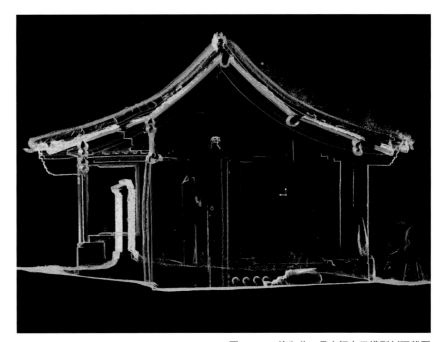

图 4-124 德和巷 3 号大门点云模型剖面截图

图 4-125 德和巷 3 号大门木雕细部照片

图 4-126 德和巷 3 号大门屋檐现状照片

R-g19 德和巷 1 号

R-g19德和巷1号是保存相对较好的民居院落之一，整个院落建筑结构为中国传统的木构架体系，木质结构较为完整，大部分已被翻新。院长30.76m，宽22.94m（图4-127）。正房木屋架保存较完整，坐北朝南，为七开间，高5.13m，面阔22.94m，进深6.01m（图4-128、图4-129），门窗墙体被修缮。屋顶形式为单坡硬山顶，屋顶垂脊、滴水、瓦当等较为完整。东西厢房保存相对较好，门窗墙体已被修缮，面阔14.62m，进深4.77m，高3.86m。西厢房门窗墙体部分被修缮，面阔15.44m，进深5.19m，高4.56m（图4-130）。南房原址处为新建土坯房，总面阔10.74m，进深3.39m，高2.06m（图4-131）。

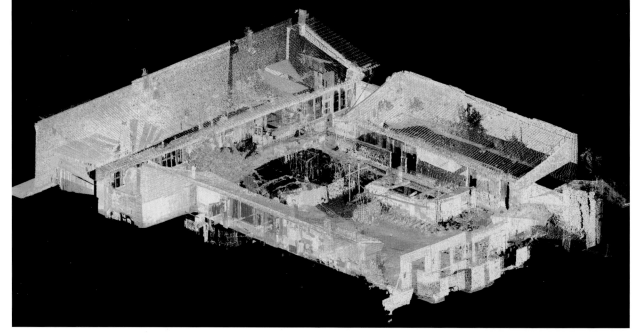

图 4-127　德和巷 1 号鸟瞰点云模型截图

图 4-128　德和巷 1 号民居正房现状照片

图 4-129 德和巷 1 号正房点云模型截图

门楼位于院落的东南角，保留了原有的木制大门，大门门钉保存完好，高 3.27m，宽 2.92m，进深 4.76m（图4-132）。

图 4-130 德和巷 1 号西厢房现状照片

图 4-131 德和巷 1 号南房现状照片

图 4-132 德和巷 1 号大门现状照片

R-b54 福胜巷 2 号

图 4-133　福胜巷 2 号正房及院落现状照片

图 4-134　福胜巷 2 号正房点云模型截图

图4-135 福胜巷2号檐口瓦当细部照片

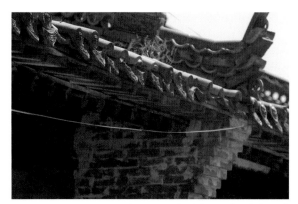

图4-136 福胜巷2号檐口细部照片

R-b54福胜巷2号院落整体坐北朝南，东西长12.35m，南北长28.30m（图4-133），院内仅存正房，正房面阔四间，开间12.35m，进深5.97m，高5.46m（图4-134），屋顶为单坡硬山顶，屋面筒瓦、瓦当、滴水保存较完整（图4-135、图4-136）。木结构保存完整，略有变形，立面已改建，但保存门上部及其两侧花格窗（图4-137）。窗台保存较好，东侧两间窗台四角饰以卷草纹砖雕，中部饰以圆形寿字纹砖雕。厢房为新建建筑，院落大门朝西。

图4-137 福胜巷2号门窗装饰细部照片

图4-138 福胜巷2号照壁砖雕细部照片

图4-139 福胜巷2号照壁现状照片

院门北侧现残存一照壁（图4-138），中部施菱形方砖饰以圆形寿字纹砖雕（图4-139），四角饰以卷草纹砖雕，上部出三层砖砌叠涩，顶部残缺。

05 宗教建筑

民间信仰

在隆盛庄地区，由于漫长复杂的迁徙历史因素，从而形成了该地区文化与经济、人员广泛交流与融合的格局。其艰苦的生存环境与较强的文化包容性等客观条件促使了该地区民间信仰传播与发展。隆盛庄的民间信仰的类型体系承接北方地区传统的民间信仰，包括：祖先崇拜、龙王信仰、关公信仰、土地信仰，以及少数民族的信仰崇拜。

祖先崇拜

祖先崇拜尤其是在汉族聚落地区普遍存在，每家每户都在特定的节日举行这种祭祖活动。在隆盛庄地区，祭祖时间一年分为四次，即春节祭祖、清明节祭祖、中元节祭祖和鬼节祭祖。

春节祭祖于每年腊月三十或二十九，由各家男主人或儿子去祖先墓地进行祭拜，即所谓的"墓祭"或"坟祭"。这种祭祀方式从大年三十或二十九一直持续到正月初五或十五。

龙王信仰

隆盛庄地区是旱灾的高发地区，据《丰镇市志》载，据统计清乾隆年间至1900年（清光绪二十六年）共发生较大自然灾害22次，旱灾是该地区最为严重且频发的自然灾害。因此，隆盛庄及周边地区、村落在历史记载中有着各种各样、大大小小的龙王庙。这些龙王庙多为砖木结构，隆盛庄著名的非物质文化遗产"六二四庙会"（阴历六月二十四）便是向龙王祈雨的祭祀活动。

图 5-1　隆盛庄南庙倾斜摄影模型截图

关公信仰

　　隆盛庄地区大多是山西各地来此的商人，而关公信仰是大多数山西人普遍信仰的神祇。历史上庄内曾建有两座规模可观的关帝庙，一座位于镇南部，另一座位于镇北部，因此习惯称"南庙"和"北庙"。这两座关帝庙都是由当地的商人及财主出资兴建的。新中国成立后，北庙被拆除，20 世纪 60 年代南庙虽遭浩劫，但主体建筑未毁，近期陆续复建（图 5-1）。

土地崇拜

　　隆盛庄地区居民的祖先大多由于"放垦蒙地"政策而从事农业生产，因此，土地崇拜也成为他们一种民间信仰。但是在隆盛庄地区并没有专门的土地庙，只在南庙供有"土地奶奶"神像。每到农历四月初八的时候去南庙祈求土地奶奶能够保佑粮食丰收、一家平安，并最终形成了规模可观的"四月初八庙会"。

少数民族民俗——回族部分

　　回族信奉伊斯兰教，隆盛庄地区在清乾隆年间便有了回族人民做礼拜的清真寺。保留至今的隆盛庄清真寺是内蒙古地区最早的清真寺之一，其悠久的历史也诉说着回族人与隆盛庄密不可分的关系，建筑上多以白色、黄色、绿色为主。

宗教建筑现状

宗教建筑是一种精神信仰的寄托，也是一种文化现象的反映。每种教义的传播离不开生活在当地的人们，当地的文化也会或多或少地影响到宗教的某些方面。这种文化会逐渐地融入当地的文化中，成为当地独特文化的一部分。隆盛庄的宗教建筑包括现存完好的南庙、清真寺、基督教堂（图5-2）。

◄---- 大北街
◄──── 大南街
◄---- 小北街
◄─── 小南街
● 马桥广场

❶ A- 南庙
❷ A- 清真寺
❸ A- 基督教堂

图5-2 宗教建筑位置分布图（底图来源：乌兰察布规划局）

A- 南庙

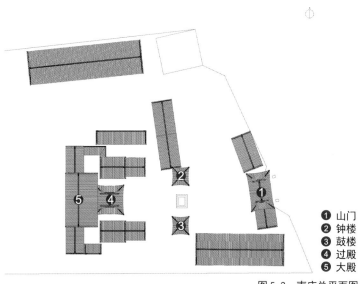

图5-3 南庙总平面图

● 山门
❷ 钟楼
❸ 鼓楼
❹ 过殿
❺ 大殿

据了解隆盛庄南庙最早建于清朝中叶，由商、民捐资建设，原为一座纯木结构的道家关帝庙，该庙宇历史久远且原貌精美，在漫长的历史进程中受各种因素的影响，遭到了不同程度的损害。20世纪60年代末寺院内大量建筑被破坏，在之后很长一段时间内，建筑一直未曾修缮，到处都是断壁残垣。

直到1998年，为了维护信教群众信仰自由、保护文物，经市委、市政府、统战部、民族宗教部门和当地政府决定，批准南寺开始道教活动，并对寺庙的墙、屋顶、壁画、雕塑、造像等进行维修。商人、游客、香客等往来者众多。从2017年底重新规划了一处扩建用地(图5-3)，逐渐恢复了往日的节庆活动，庄内六月二十四庙会、四月初八庙会等活动都在这里举行，每当庙会节日期间，整个隆盛庄热闹非凡，尤其是在南庙更是人流攒动。

图5-4 南庙大殿倾斜摄影模型截图

图5-5 南庙院落现状照片

南庙位于镇南端的大南街路西,坐西朝东,背靠西河湾,面向双台山,是隆盛庄目前保留面积最大的宗教建筑群落(图5-4)。南庙总平面近似梯形,东西长约130m,南北宽约80m,占地面积达10400㎡(图5-4)。建筑群包括主体建筑南庙大殿(图5-5)、过殿(图5-6)、钟楼(图5-7)、鼓楼以及山门(图5-8),呈轴线对称分布。南庙共有三个门,东侧南面的为正门,从山门进入南庙,此门只有过节日、庙会的时候会对外开放。东北侧及北侧为平时方便人们出入的辅助入口。

图 5-6 南庙过殿现状照片

图 5-8 南庙大门现状照片

图 5-7 南庙钟楼现状照片

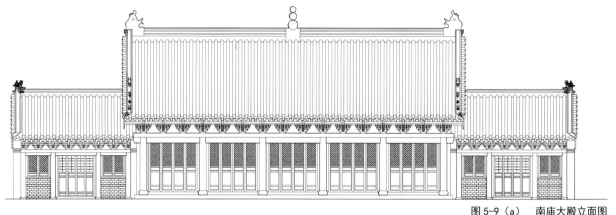

图 5-9 (a) 南庙大殿立面图

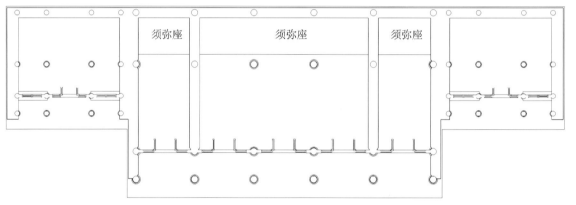

图 5-9 (b) 南庙大殿平面图

　　南庙大殿面朝东向，屋顶为悬山长短坡双坡顶，其中东坡较长。大殿面阔五间，前有过廊，两侧各配有偏殿。偏殿面阔三间约5.8m，进深约5.6m，高约5.8m。南庙大殿面阔长17.21m，进深8.98m，高9.12m，且经维修后，大殿的斗栱、彩画等装饰构件以及殿内的雕塑、壁画状态完好，宗教氛围浓厚（图5-9、图5-10）。

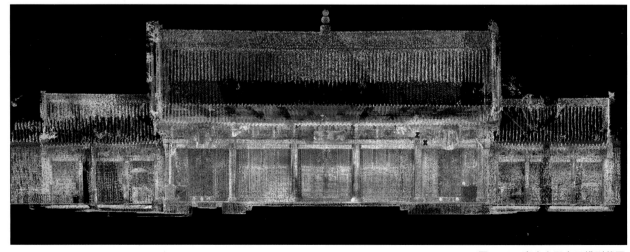

图 5-10 南庙大殿点云模型截图

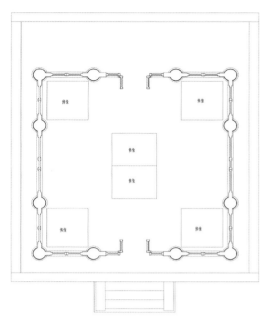

图 5-11（a） 过殿平面图

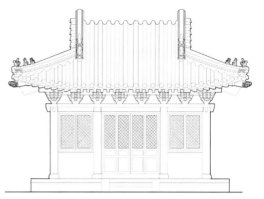

图 5-11（b） 过殿立面图

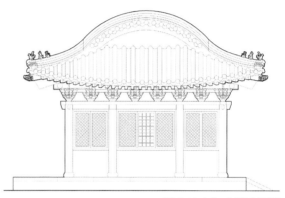

图 5-11（c） 过殿立面图

南庙过殿位于大殿正前方，屋顶为卷棚歇山顶，面阔三间，长6.2m，进深6.2m，高6.5m，平面为正方形（图5-11）。过殿屋檐出檐深远，斗栱精巧，色彩丰富，建筑状态良好（图5-12、图5-13）。由于其室内壁画以及彩塑保留了原有风貌，课题组将其进行扫描，建立数字模型（图5-14、图5-15）。

图 5-12　南庙过殿现状照片

图 5-13　南庙过殿点云模型截图

图 5-14　南庙过殿彩绘点云模型截图

图 5-15　南庙过殿梁架关系点云模型截图

为了将南庙建筑群落的数据更加全面地保留下来，课题组建立了南庙的点云模型（图5-16），由此可以更加细致地对南庙建筑进行解读。

南庙的山门由于各方面原因，其原貌未能保留。现山门为近期重建（图5-17），屋顶采用歇山顶，开间三间约8.9m，进深两间约4.6m，高约7.5m。整座山门色彩鲜艳，黄瓦红墙，根据古代建筑色彩选用上属于等级较高的建筑，不符合山门在南庙建筑群落中所扮演的角色，因此，在建筑维修以及重建工作上应尊重历史，保留传统。课题组以详实的历史资料为基础，将山门的原始样貌进行推测，如图5-18。

图5-17 山门现状照片

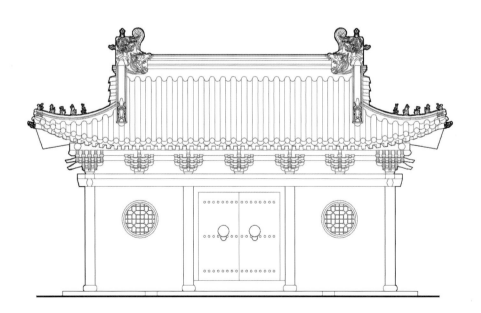

图5-18（a） 山门正立面图

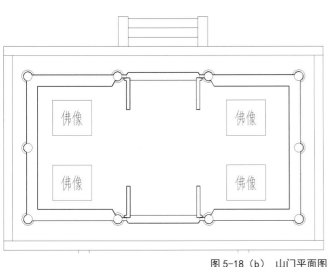

图 5-18（b） 山门平面图

图 5-18（c） 山门侧立面图

　　总体而言，南庙在建筑单体装饰上具有浓厚的地域特点，砖雕精细(图5-19)，木作符合隆盛庄传统建筑做法(图5-20～图5-22)。院落中的雕像深化了南庙的宗教氛围(图5-23)。

图 5-21　屋檐细部

图 5-22　屋顶梁架细节图

图 5-19　南庙大殿墀头细部

图 5-20　南庙大殿斗栱细部

图 5-23　佛像点云模型截图

A- 清真寺

由于地理位置的特殊，隆盛庄渐渐地形成了由汉族、蒙古族、回族、满族交织而成的独具特色的多民族地域文化，这在建筑建造、布局理念、建筑装饰上都有所体现，它们相互依存而非排斥，共同架构了隆盛庄历史古镇的历史风韵。

隆盛庄清真寺为内蒙古自治区重点保护单位。于清乾隆年间建庄伊始，便已经建造了清真寺，1830年（道光十年）新建了大厦、前后抱厦、南北配房及大门、二门、围墙、照壁等。1926年（民国15年）随着回族人口增加，大殿又加盖一层，成为三层大殿，可供千人礼拜。新中国成立后，国家先后拨款对该寺进行维修，并被列为内蒙古自治区重点文物保护单位。该寺在20世纪60年代末被关闭，宗教活动被迫停止。在此期间，寺内财产受损严重，部分建筑遭到毁坏、匾额浮雕被砸、账目被焚毁、档案丢失。20世纪80年代后重新还寺与回族群众。1979年，当时的丰镇县（现丰镇市）人民政府和乌兰察布盟（现乌兰察布市）民委拨款1.4万元，修缮隆盛庄清真寺。经当年修葺，寺庙和内部设施基本恢复原状（图5-24）。

图 5-25　清真寺航拍现状照片

　　全寺占地近 6.8 亩，建筑面积 2700 ㎡，其中大殿坐西朝东，建筑面积 820 ㎡，可同时容纳近千人礼拜（图 5-25）。清真寺青砖围墙，坚固厚实，墙顶排列矩形墩堞，仿佛城堡。寺门悬挂"龙牌"，寺内分内外两院。前院有南房 6 间，正房 6 间；后院建正厅 4 间，南房 4 间。前院是回族礼拜沐浴之地，后院为阿訇居住之处；大殿建筑在后院之西，前有抱厦、殿分 3 层，面积 360 ㎡。殿中置经文和阿訇讲经的位置。

图 5-24　清真寺院落现状照片

图 5-26　清真寺大殿西侧现状照片

　　清真寺大殿屋顶正中，筑有见方 2m，高约 4m 的光塔，四角挑檐、玲珑剔透，顶端装有朱红色的花形塔顶和银色的月牙、星星。建筑特点既保持了回族风格，又有地方特色，布局合理、工艺精巧（图 5-26）。

　　图 5-27、图 5-28 为课题组对清真寺进行详实的三维数据采集，将其完整的建筑信息得以保存。

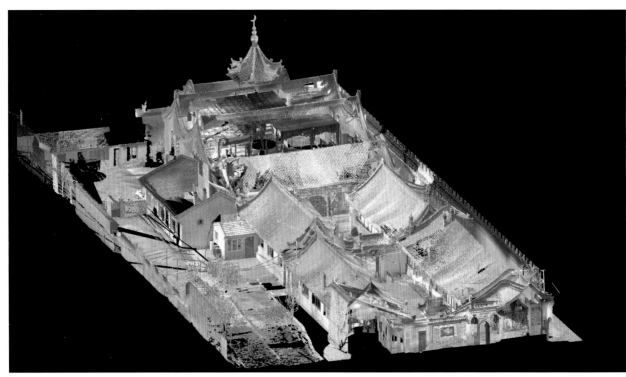

图 5-27　清真寺鸟瞰点云模型截图

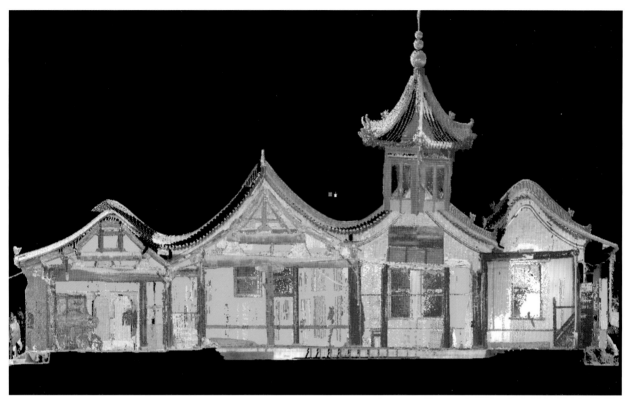

图 5-28　清真寺纵剖点云模型截图

　　清真寺正殿、沐浴室、办公室等建筑主体都是纯木构架(图5-29)，屋檐斗栱细致(图5-30)。清真寺北向房顶垂脊上有着精美的砖雕，且外墙选用城墙垛口的元素。

　　清真寺大殿东立面有着大量用铁艺构件弯曲成的各类草木形状，此种装饰手法在内蒙古地区仅存在于隆盛庄清真寺内。进入清真寺第二道门后，建筑布置方式为对称式布置，各座大殿屋顶、屋檐及一些细部构件都体现了晋北地区的风格。清真寺装饰细节有着各式各样的回族符号，侧墙、门楣等部位的装饰运用黄、白色等色彩。

图 5-29　清真寺梁架关系

图 5-30　清真寺装饰彩画

图 5-31　清真寺大门现状照片

图 5-32　清真寺大门细节

　　清真寺大门朝北开设（图 5-31），首先看到的是大门两侧的弓形门阙及一对抱鼓石（图 5-32），大门上面装饰有各类中国古典元素、花草图案浮雕等。进入大门，整个院落是二进式院落，北侧为沐浴室，南侧为宿舍等用房，最远处西端是清真寺的大殿。大殿内部的梁架、屋顶、窗户、槅扇以及建筑细部构件布满了多种多样的回族符号（图 5-33）。装饰细部主要体现在三个方面：第一，回族人民喜欢用白色、黄色、绿色相互搭配，在清真寺中不论是装饰细部还是屋顶构件都有这几种色彩的运用（图 5-34）。第二，清真寺入口处装饰风格、图案的运用有着浓郁的回族特色。第三，清真寺大殿内部也运用各类回族特色图案、符号，如在斗栱、屋内房顶等建筑构件上（图 5-35）。图 5-36 为历年修建清真寺所立的石碑，图 5-37 为课题组为清真寺大殿的测绘图纸。

图 5-33　清真寺大殿装饰现状照片

图 5-34　清真寺大殿北山墙墀头细节照片

图 5-35　清真寺光塔室内照片

图 5-36　清真寺碑刻照片

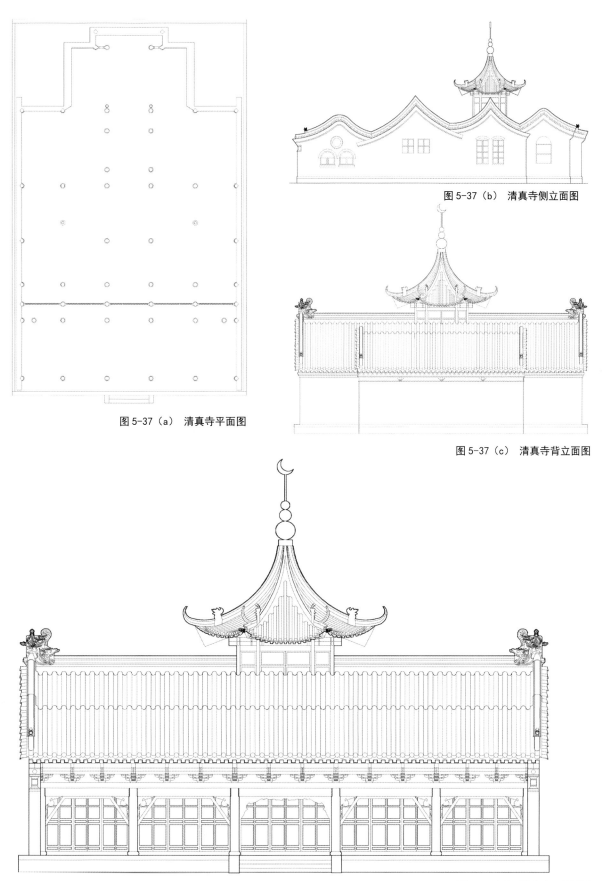

图 5-37（a） 清真寺平面图

图 5-37（b） 清真寺侧立面图

图 5-37（c） 清真寺背立面图

图 5-37（d） 清真寺正立面图

A- 基督教堂

　　基督教堂位于小南街与四老财巷交汇处，由四合院改建而成，院落坐北朝南，东西长27.36m，南北长32.22m(图5-38)，大门位于院落东南角。教堂位于原西侧厢房位置，为新建砖木结构建筑，面阔15.89m，进深9.05m，高7.03m，东立面分三段(图5-39)，下段为窗台，中段为5个券拱形窗洞及一门洞，上段即女儿墙，女儿墙上部有一组几何形装饰。建筑南立面仿西方天主教堂山墙，山墙东西两侧由多段弧形组成，顶部放置一十字架。

图5-38　基督教堂倾斜摄影模型截图

图5-39　基督教堂东立面

图 5-40 基督教堂正房现状照片

图 5-41 基督教堂东厢房建筑现状照片

　　院落中正房面阔五间，长16.37m，进深8.77m，高5.74m，屋顶为双坡硬山顶，屋面保存完整，立面已改建（图5-40）。东西各有耳房一间，西侧耳房面阔5.48m，进深7.38m，高5.08m。东侧耳房面阔5.67m，进深7.56m，高4.97m，正房及耳房为教堂附属用房。东侧厢房保存完整，屋顶为单坡硬山顶，面阔五间，长12.35m，进深5.52m、高4.91m，为教堂附属用房（图5-41）。现如今新建教堂内部空间已装修为平顶，无法看到原有的结构体系（图5-42）。

图 5-42 基督教堂室内现状照片

06 近现代公共建筑

　　进入近现代以来，隆盛庄的传统生活模式已经发生了改变，为了适应新的功能需求，新型的公共建筑应运而生。在不同年代，隆盛庄建有相应的具有行政、服务、生产等功能的建筑，如政府、供销社、长途汽车站、文化馆、旅馆、仓库等。

　　20世纪六七十年代的建筑结构，与传统建筑做法有密切的联系，多采用砖木结合的结构形式。在装饰方面，在原有样式基础上予以简化，并结合新材料的使用加以创新。该时期的建筑为适合现代的功能需要，单体体量大于传统的公共建筑，根据用地规模大小，将原有的院落性质改变或者拆除重建，在局部范围内，改变了原有建筑的体量、样式，影响到村落的部分格局，但对村落的整体面貌产生的影响较小(图6-1)。

　　建筑风格受不同年代的建造工艺以及经济状况等的影响，因而能较深刻地反映出当时的社会面貌以及在这种大环境下的建筑式样，如70年代隆盛庄的建筑风格为"苏联式"，这种变化丰富了隆盛庄的建筑内容。随着时间的推移，该类建筑也成为当时隆盛庄建筑的一个典型代表。

图6-1　隆盛庄粮库及周边倾斜摄影模型截图

　　进入20世纪90年代后，隆盛庄逐渐出现了钢筋混凝土建筑，如隆盛庄中学和办公楼，该类型建筑更体现出简洁实用的特点。目前，这些建筑部分仍在使用，而另一部分已被改建，这些被改建的建筑其内部功能虽然发生改变，但其建筑外貌保留了最初的式样。

　　隆盛庄的近现代公共建筑较之于民居建筑以及商肆建筑而言，数量较少，但种类丰富，对隆盛庄居民的生活模式产生了非常大的影响，因此在隆盛庄各类建筑中占有重要地位。

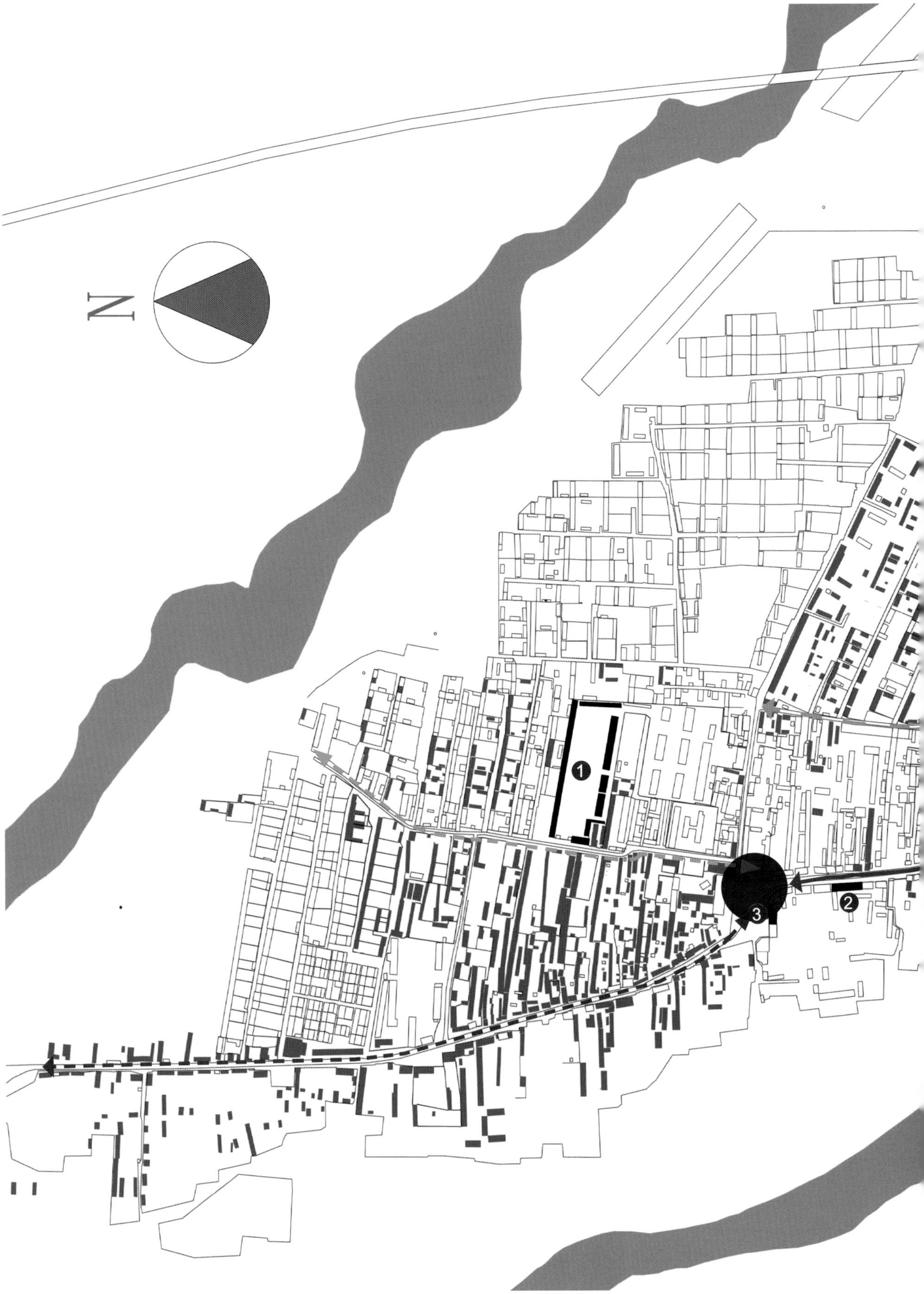
N
1
2
3

公共建筑现状

依据隆盛庄现有的近现代公共建筑的现状情况，选取三处保存较完好的且具有代表性的近现代公共建筑予以介绍，分别是粮库、公社浴池以及电影院。这三处公共建筑是隆盛庄地区近现代发展历程的一个缩影（图6-2）。

←--- 大北街
←— 大南街
←--- 小北街
←— 小南街
● 马桥广场

❶ 粮库
❷ 公社浴池
❸ 电影院

图6-2　公共建筑位置分布图（底图来源：乌兰察布规划局）

图 6-3　粮库东侧仓库平面图

W-41粮库北区是隆盛庄保存较好的近代公共建筑代表之一。院落长172.07m，宽60.85m（图6-3）。大门位于院落的西端，宽11.80m，高4.73m（图6-4）。其北侧、东侧、南侧均为仓储用房，建筑以砖木结构为主（图6-5）。北库房共有6组，高约5.09m，面阔172.07m，进深6.48m（图6-6）。东库房高4.72m，面阔51.46m，进深5.71m（图6-7）。东南方位库房共有2间，共高约4.68m，面阔65.30m，进深8.34m（图6-8）。西南方位库房共有2间，共高约5.87m，面阔51.04m，进深8.80m。院西南角有库房3间，东向有2间，高3.65m，面阔15.95m，进深3.69m。北向有1间，高5.23m，面阔19.93m，进深为6.14m。

图 6-4　粮库大门现状照片

图 6-5　粮库仓库现状照片

图6-6 粮库北侧仓库现状照片

图6-7 粮库东侧仓库现状照片

　　该院落空间巨大，是当时集宁地区大规模粮食存储、集散、交易的场所，是隆盛庄在近代繁盛的代表，体现了20世纪80年代隆盛庄在该地区的重要性（图6-9）。院内布局按照当时的生产方式规划布置，现存有多处当时的生产设施，包括粮囤台、煤渣池、泵房、加工车间（图6-10）。该院落的建筑符合了当时的使用功能、外观简洁，是80年代建筑技术的良好体现。目前该建筑群整体结构完整，具有极强的"可再生性"。并且该院落位于镇的东北部，紧邻镇中心，通过合理地改造将对全镇未来的发展有着引导作用。

图6-8 粮库东南侧仓库现状照片

图 6-10　粮库煤渣池现状照片

图 6-9　粮库鸟瞰图

　　粮库建筑群庞大的空间尺度、独特的建筑风格以及鲜明的时代特征使其同样具有一定的历史文化价值，作为隆盛庄地区进入现代历史进程的见证者，粮库同样是该地区历史建筑的重要组成部分（图6-11、图6-12）。对于粮库保护与再利用的方式需要充分考虑其自身特点与价值，从而使其更好地延续下去。遗憾的是，当课题组2019年再次进入隆盛庄时，用于转运粮食的院落由于影视拍摄需要建设了许多构筑物，并且对原来的建筑造成了一定的破坏，而粮仓建筑群大部分已经被拆除（图6-13、图6-14）。

图 6-11　粮库南部仓库照片　（摄于 2017 年）

图 6-12　粮库北部仓库照片　（摄于 2017 年）

图 6-13　粮库南部仓库照片　（摄于 2019 年）

图 6-14　粮库北部仓库照片　（摄于 2019 年）

B- 公社浴池

图 6-15　公社浴池倾斜摄影模型截图

　　公社浴池为近代建筑，位于大南街西侧，坐西朝东，为 20 世纪 80 年代的建造（图 6-15）。东立面均为砖砌，总面阔约 13.53m，进深约 24.91m，最高处 7.31m。在立面上划分为明显的三段式，中间最高，两边次之。中段大门两侧和两边突出柱壁。顶部有线脚，线脚下端中间段上部留存有"公社浴池"字样（图 6-16）。南段中间开窗，中间段和北段中间开门，窗宽 1.77m，门宽 1.87m。

图 6-16　公社浴池沿街立面

图 6-18　室内细部

图 6-17　建筑室内

图 6-19　屋檐构造细部

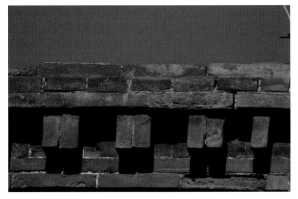

图 6-20　沿街立面构造细部

图 6-21　檐口细部

　　公社浴池是反映隆盛庄近现代公共建筑发展的良好证明，然而现在早已被当地居民改造为小型汽修厂，经过对当地居民的采访得知，浴池经营仅有 2 ～ 3 年，后便被多次转卖。公社浴池虽然多次易主，其功能也发生多种变化，内部空间经过了重新划分（图 6-17、图 6-18），但其沿街外立面以及屋架结构保留完好。沿街立面用砖石砌筑，砖作技术反映了当时的建造工艺，建筑屋檐做法尤其独特（图 6-19），屋顶保留了原有的木结构体系（图 6-20、图 6-21）。

B- 电影院

图 6-22　电影院倾斜摄影模型截图 1

图 6-23　电影院倾斜摄影模型截图 2

图 6-24　电影院立面现状照片

　　隆盛庄电影院为近代建筑，位于大马桥广场西南侧，坐南朝北，为 20 世纪 80 年代的建造（图 6-22）。北立面面向马桥广场，作为公共性娱乐建筑，其占有极佳的地理优势。电影院主体建筑总面阔约 14.15m、进深约 36.13m，最高处 9.03m（图 6-23）。在北立面处理上采用三段式（图 6-24），中间最高，两边次之。中段又分为三段：下段为大门以及门廊（图 6-25），宽 1.89m，高 3.44m；中段的一个门洞，宽 0.92m，两个窗洞，宽 0.94m；上段的墙壁中间凹进部分壁面，原有"电影院"的字样。如今电影院主体建筑早已遭废弃，其附属建筑曾被改为理发店，之后也废弃（图 6-26）。

图 6-25　电影院入口现状照片

图 6-26　电影院外部墙体现状照片

07 防御建筑

　　从古代到近代，隆盛庄聚落由于其地理位置、地形特征等因素一直作为军事要地及战时兵家必争之地，具体实物体现在分布于隆盛庄四周的长城、城墙及炮楼等军事建筑。明朝时期建造了东西走向的长城，同时建造了烽火台建筑以作防御和信息传递之用，并且在今隆盛庄东侧双台山上有着明确的石碑记载。清朝时期在今隆盛庄聚落南设置了驻军军营，也就是"把总营"（既有军事用途又有行政用途）。到了近代陆续出现了日伪时期（建造年代尚待考证）的三角城、解放战争时期的碉堡、20世纪六七十年代修建的防空洞等军事工事。隆盛庄的防御建筑具有年代长、类型多的特点，是内蒙古传统村落中少见的一种建筑部分，是对隆盛庄历史研究的又一份宝贵资料。

图 7-1 隆盛庄南三角城、城墙倾斜摄影模型截图

　　这些防御类建筑由于大都分布在隆盛庄外围，较之于村内的同时期其他建筑而言，能够良好地保存下来，实属不易！如图7-1的右下角为"三角城"和部分城墙遗迹的倾斜摄影模型截图。现如今由于村内的用地逐渐紧张，当地居民开始将生活范围向外延伸，势必将会影响到这些防御类建筑的留存和保护。如原有的四座城门已完全消失，闭合在村落四周的城墙仅剩东侧的几段。西南、西北的"小土城"遗迹，由于缺乏史料的记载以及研究，处于逐渐消逝的状态。所以，将隆盛庄的防御建筑进行系统的数据保留迫在眉睫。

N

防御建筑现状

　　隆盛庄境内现存的军事设施类建筑种类丰富，数量较多，有明长城、烽火台、三角城、军阀混战时期遗留下的碉堡等，但守卫隆盛庄城墙边的塔楼已随着时间的推移而消失殆尽。隆盛庄大部分军事设施类建筑主要在村落外围，分布较为分散（图7-2）。

←---	大北街
←	大南街
←---	小北街
←	小南街
●	马桥广场

❶ 长城
❷ 烽火台
❸ 三角城
❹ 城墙
❺ 碉堡

图7-2　防御建筑位置分布图（底图来源：乌兰察布规划局）

E- 长城

　　隆盛庄这段长城是明太祖朱元璋时期由山西都使司派人修建，东至宣化，西至甘肃清水营的边墙，它是明长城的第一道防线，至今边墙痕迹犹存。1927年（民国16年），在隆盛庄东山角发现一块石碑，碑文有"大明洪武二十九年，岁次丙子，四月甲寅吉月，山西行都指挥使司修筑隘口……"（公元1396年5月）的字样（图7-3）。由此，可知该长城建于明朱元璋时期，这条长城保存略差，但遗迹较清楚，墙体残高3～5m。以隆盛庄及208省道将此段长城分为三段，即镇西段、东门外段及镇东段。

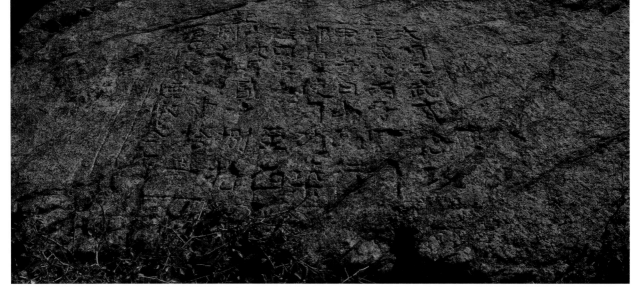

图 7-3　隆盛庄东山角洪武石碑

图 7-4　长城保护标志照片

　　明长城是全国重点文物保护单位（图7-4），该段长城穿过西河湾一直延伸至西面的低山地带。此段长城由于穿过西河湾段，常年河水的侵蚀、冲刷，导致目前已看不清痕迹的存在，西山向西南方向蔓延部分，宽度有4～6m；镇东段长城是从古镇东侧紧贴东城墙，一直到208省道位置，遗迹与原有城墙部分段混在一起，遗迹尚能辨认。该段长城遗迹现存近700m，高2～3m，宽度达5～10m（图7-5、图7-6）。

图 7-5　长城现状航拍照片 1

东门外长城与镇东长城以208省道分割开来，从烽火台旁边绕过通向东山二道沟方向，然后由此进入了双台山上，此段长城遗迹明显，高度达3～4m，宽度5～8m（图7-7、图7-8）。

图 7-6　长城现状航拍照片 2

图 7-7　东门外长城现状照片

图 7-8　镇东段长城现状照片

E- 烽火台

隆盛庄周边5km范围内有四座烽火台，当地人称"台墩子"，为上小下大的方形台墩（图7-9、图7-10）。它们是沿着明长城的路线布置在其内侧，烽火台之间距离在4～5km范围内，其中有三座烽火台都是位于山顶上。据资料记载，四座烽火台已有240多年建造历史。期间经历了数场战争，损坏严重，其原有的建筑形制已经无从考证。

图7-9 烽火台俯瞰照片

图7-10 烽火台现状照片

图7-11 东侧烽火台现状照片

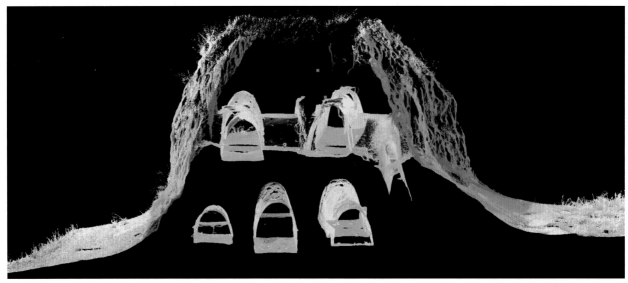

图7-12 烽火台点云模型截图

现以离隆盛庄范围最近的东侧烽火台为例，介绍其现有面貌（图7-11）。该烽火台现有三层，地上两层，地下一层（现代修建）。它的建筑形制比较特殊，地上部分为正方形平面形状，边长约20m，高约8m。墩子四周有围墙，即小方城，具有明代烽燧的一个特点。南侧立面有6个孔洞（图7-12、图7-13），上2下4，相互贯通。北面及侧面设有4个观察孔。东侧立面洞口旁有一条沿着洞口通向烽火台顶部的走道。

地下部分为近代修建的防空洞，共有两个出入口（图7-14），分别在台墩东、西侧紧挨小方城外围范围。入口位置有近20cm厚，2m高，放置在一侧的钢筋混凝土门，在内部也发现了洞穴间连通的钢筋混凝土门被放置在一边，其尺寸相对小一些，高度1.6～1.8m，厚度10cm左右。

图 7-13　南侧烽火台现状照片

图 7-14　烽火台内部点云模型截图 1

据《丰镇县志》记载"隆盛庄二道边中段（距隆盛庄0.5km处）的烽火台第二层窑洞内发现汉代绳纹陶片。附近发现卷云纹瓦当、绳纹大型板瓦、绳纹筒瓦和绳纹陶片"，因此对该烽火台建筑年代众说不一（图7-15、图7-16）。

图 7-15　烽火台内部现状照片

图 7-16　烽火台内部点云模型截图 2

E- 三角城

隆盛庄周边现存两座三角形形状的建筑，由于当地人惯称为三角城（图7-17、图7-18），因而得名，但是其建筑面积较小，与"城"的概念不相符，推测其军事作用类似于碉堡，只是派少量人员驻守。据查阅资料，山西省、甘肃省及青海省都有关于三角城的遗址，但是这些地方的三角城规模较大，与隆盛庄的三角城并无可对比性，且现今相关部门对这两座三角城并未有定论，本书只介绍镇南侧紧邻团结村北端的平川地带的三角城遗迹。

图 7-17　镇西南三角城航拍照片

图 7-18　镇南三角城航拍照片

当地关于两座三角城的建造有两种说法：一种说法是建造在汉代时期，这种说法的主要依据就是早年文物局来此考察，在这里发现了汉代的陶瓷、陶碗等物件，后期可能有所修建。另一种说法是近代建造的，据调查，一部分80岁以上老人参与过建造两个"三角城"，据其中的两位工匠（一位是南泉仝家村的仝金贵，一位是隆盛庄的侯进先）叙说，两座"三角城"是20世纪50年代为抵抗国民党残余势力修建。据此推断这个建筑很可能是用作军事防御。

其建筑样式为：平面基本为等边三角形，由三段墙体围合而成，边长约50m，高约5m，顶宽约3m，基座宽约5m，顶部平整（图7-19）。三个角向内凹陷形成一折角，也可以说近似于六边形。三角城北侧墙体上有两段夯筑墙体的痕迹，墙体凸出1m左右，疑似城门位置（图7-20）。现今三角城里居民出入口在南侧两端墙体的交汇处（图7-21、图7-22）。

图 7-19　三角城围墙现状照片 1

图 7-20　三角城围墙现状照片 2

图 7-21　三角城内院现状照片

图 7-22　三角城内部现状照片

E- 城墙

图7-23 城墙现状倾斜摄影

　　城镇的城墙往往是在营建之初最先修建完成的，但是隆盛庄城墙体系的建造却与之不同，它是在军阀混战时期由地方组织建造，为了抵御周边出现的小股土匪，从而形成了聚落边界（图7-23～图7-25）。

　　城墙的建造是防土匪之用，所以在建造的尺度上都比较小。总长达10km多，夯土结构，目前仅剩聚落东侧残留的一部分，且被毁坏严重，残高1～3m，底层宽约2m，上层宽约1m（图7-26、图7-27）。图7-28、图7-29为保存较好的城墙部分及构造。

图7-24 城墙现状倾斜摄影模型截图

图 7-25 碉堡附近城墙现状照片

图 7-26 城墙现状照片 1

图 7-27 城墙现状照片 2

图 7-28 城墙门洞现状照片

图 7-29 城墙墙角现状照片

E- 碉堡

图 7-30　城村东北角碉堡 1 现状照片

　　隆盛庄是解放战争时期国民党军和解放军重要的军事据点。在此期间，建造了一定数量的碉堡，目前对其数量、具体年份尚未明确。关于隆盛庄碉堡的建造，据文献记载"在隆盛庄城区周边，还有七座在民国军阀混战时修建的钢筋混凝土碉堡。"当地碉堡类型按材料分有三类：素混凝土碉堡、毛石混凝土碉堡及钢筋混凝土碉堡。其中钢筋混凝土碉堡都已被人为炸毁，现场遗迹只能看到部分残迹，据调查及听老乡叙说新中国成立后为了得到钢筋，所以人为爆破了这种类型的碉堡。按照形状分两类：一类是方形的，一类是圆形的。

图 7-31　碉堡 2 现状照片

图 7-32 碉堡 3 现状照片

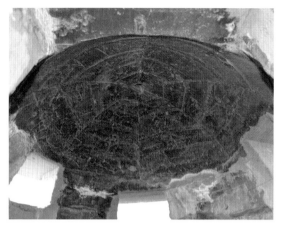

图 7-33 碉堡 3 内部现状照片 1

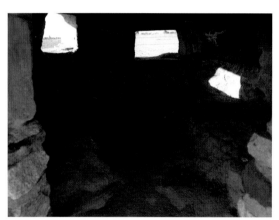

图 7-34 碉堡 3 内部现状照片 2

本书展示了四座保存较好的圆形碉堡（图7-30～图7-35），这些碉堡均为毛石混凝土结构，现有高度1～2.5m，半径3.1～3.5m，其墙厚约0.4m，根据其所处位置不同，开设不同方向的射击孔。其他类型碉堡有待进一步考证。

图 7-35 碉堡 4 现状照片

08　隆盛庄建筑细部以及构造

　　建筑装饰是为了保护建筑物的主体结构、优化建筑物的使用功能以及满足人们对建筑物的审美需求，采用特制的装饰材料或者装饰物对建筑物的室内外空间进行的装修过程。传统建筑装饰的内容是非常丰富的。传统建筑装饰包括：建筑表面能被人们所看到的构件装饰、建筑周围的环境装饰、建筑室内的界面装饰等三方面。其中最能够体现出传统装饰工艺、手法、等级的就是建筑物表面的装饰。

　　就隆盛庄传统民居建筑装饰而言，它的价值是隆盛庄地区历史文化的真实写照，也是隆盛庄人民精神追求的具体体现，反映着特殊地域环境下的人们意志情趣和特定时代的审美观念，同时也是我们传统文化的有机组成部分，有着其独有的艺术个性。

图8-1　隆盛庄南庙檐口装饰照片

　　首先，隆盛庄传统民居建筑的装饰体现在各个部分的不同部位上，构件形状各异，在保证房屋使用安全和牢固的前提下，使得建筑构件与建筑装饰和谐统一，如屋顶形式与屋脊、屋檐、山墙、墀头的结合，山墙与影壁的结合；其次，考虑到建筑构件的形态、位置的差异，在装饰上选取不同的装饰题材、手法以及表现方式，从而塑造了整体的形式美，营造了建筑空间氛围，强化了建筑的结构、造型；最后，由于隆盛庄居住的人群多是从山、陕、冀迁徙、经商而来，山西人占多数，而人又是文化的承载者，所以隆盛庄传统民居的建筑装饰风格与山西传统民居有着很多的相似之处，如屋顶、墀头、梁柱等建筑构件的建造手法、装饰手法、内容上都很相像，但又融合了地域元素，如在窗下墙的边框装饰上采用蒙古族图案回纹、方胜纹等。所以在内蒙古地区类似隆盛庄这类传统民居建筑都被称为"晋风民居"（图8-1）。

隆盛庄建筑细部构件——窗

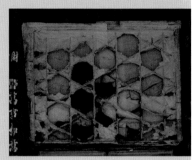

门窗亮子

门窗亮子又俗称腰头窗，在门的上方，为辅助采光和通风之用，有平开、固定及上、中、下悬之分。

槛墙

民居建筑中，位于窗户下方以及地面上的墙体，通常有装饰，具有吉祥如意的涵义。

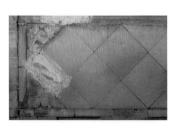

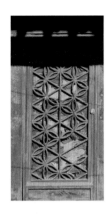    

  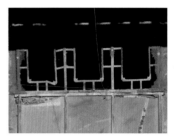

板棂窗

即花格窗，由窗框和竖向排列的棂条组成，中有横棂，或两条或三条。窗背糊纸，不可开启。

异形窗

不同于常见的方形窗，异形窗通常为圆形或者拱形等，形式较方形窗更加活泼。

槅扇门

镶嵌格子形状窗的门扇，通常由两个以上的门扇组成户门。

隆盛庄建筑细部构件——门

户门

一般位于院内，将室内空间与院落空间进行划分。户门尺度相对较小，门扇分为两部分，上边为门窗，下边为门板。

大门装饰

大门装饰是民风习俗的重要体现之一。一般的装饰有辅首、门钉、看叶等。这些装饰同时也具有不同实用功能。如看叶可以减缓门在开启过程中的磨损。

异形大门

不同于常见的院门，隆盛庄地区的异形大门类别多样，形式丰富。

民居大门

民居大门将院子与街道巷子连接起来，是进入私人空间的第一道界限。

商铺大门

商铺大门较于普通的民居大门尺度大很多，是为了运送货物的车马进出方便。

隆盛庄建筑细部装饰——木作

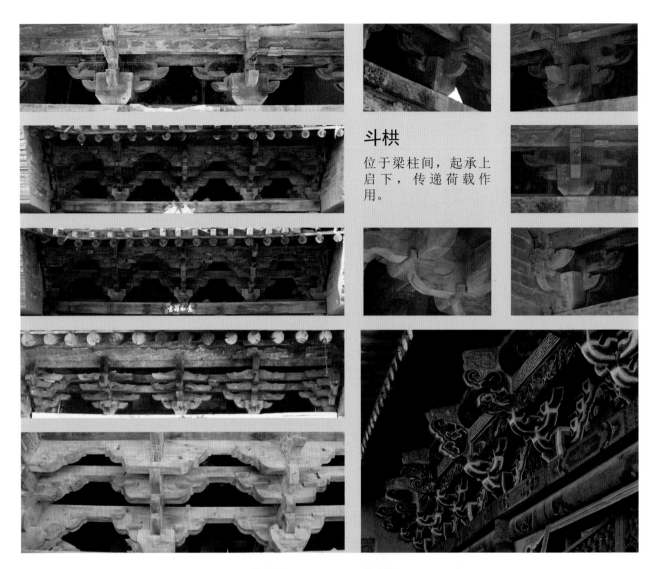

斗栱

位于梁柱间，起承上启下，传递荷载作用。

驼峰

一般用于彻上明造的梁栿中，在梁头相叠出用木墩垫托。

垂花门柱

檐柱不落地，垂吊在屋檐下，称为垂柱，其下有一垂珠，通常彩绘为花瓣的形式。

门匾

挂在大门或者城墙门上面的牌子。作为一种装饰，同时具有文化内涵。

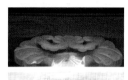

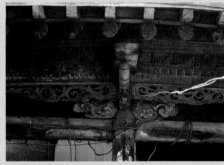

荷叶墩

额枋上边刻有云头型构件。位于上下两层梁枋之间将上梁承受的重量迅速传到下梁的木墩。

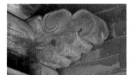

梁枋出头

梁枋与柱子相交或出头部分做雕饰。

昂嘴

清大木作构件名，指昂的前部。

蜂窝枋

藏传佛教建筑常用到的装饰。

隆盛庄建筑细部装饰——石作

栓马石

用于栓马的石柱。栓马石入地埋置，齐上端常有雕刻。其宽一般为15cm。

柱础

柱下承托柱脚的石块。柱础上面正中一般凿有凹孔，与柱脚榫卯相接，起到固定作用。柱础做法多样，不同时期有不同的特征。

石雕

用巨石对其雕刻成某种形状如镇河水石牛、赑屃等。

门枕石

门枕石俗称门礅、门座、门台、镇门石等，用于中国传统民居，特别是四合院的大门底部，起到支撑门框、门轴作用的一个石质的构件。

门枕石柱子

将门枕石与门柱结合起来，作为装饰大门的一种形式。

石雕栏杆

石块雕刻成栏杆，纹样精美，具有生活气息。

隆盛庄建筑细部装饰——砖作

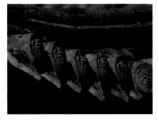   

瓦当、滴水

中国传统建筑中，屋顶的瓦有仰铺和俯铺。前者瓦面弧形朝下称瓦当。后者瓦面弧形朝上叫滴水。

脊兽和脊雕

位于屋顶上的装饰构件，并且具有实际功能。

砖仿木作

以砖材模仿木构作法的形式进行雕刻处理。

石匾

一种美化门面的装饰，这种装饰效应，也是文化的表现。

墀头

俗称"脚子"，山墙伸出至檐柱外的部分。

照壁装饰

照壁位于厢房山墙，院门正对位置上。通常照壁装饰精美，彰显户主的社会地位。

幞巾盘头

指墀头上或者檐柱上冰盘檐下的装饰部分。

券门装饰

券门上的拱心石和券底石作进行精美雕刻，券门线脚多采用竹节形式。

砖挂落

用砖雕仿制木挂落的图案，组拼为挂落形式称为砖挂落。

隆盛庄建筑细部构造

砖垒砌方法

砖雕结合方法

土坯垒砌方法

砖木结合砌筑方法

09　隆盛庄技术复原

　　以上所述的内容是根据多年来对隆盛庄的考察调研得出的现状汇总。然而为了弘扬隆盛庄作为历史文化名镇在内蒙古地区所具有的历史价值和文化价值，我们对隆盛庄的考察不仅仅停留在现状描述上，更是将落脚点放在隆盛庄的过去以及将来。

　　在三维激光扫描以及倾斜摄影等现代先进技术的支撑下，我们可以依据隆盛庄现状以及相关文献的参考，将隆盛庄目前情况进行记录，建立完整的数字模型。以此为基础，对隆盛庄原貌进行复原以对未来的发展进行推测。

图 9-1　隆盛庄部分建筑 CAD 复原线框图

　　隆盛庄历史建筑资源丰富，可尝试按建筑保存情况以及建筑类型进行复原、改善以及适当改建等，如可通过技术手段，将隆盛庄民居建筑、街巷甚至烽火台进行数字化复原，虚拟复原原有传统村落样貌，并探索适合隆盛庄未来的发展模式，重现隆盛庄繁盛景象（图9-1）。

烽火台复原

图 9-2　烽火台实景照片

　　隆盛庄烽火台的来源据《丰镇县志》记载"由城北铺路村经三祝窑、阮家窑、永善庄、东官村、柏宝庄、隆盛庄向东进入兴和县到高庙子。"推测此段烽火墩台筑于 1769 年（清乾隆三十四年），俗称二十四讯台。

　　现存烽火台壁面留有孔洞，作为观察孔（图 9-2），部分烽火台甚至有通往烽火台里面的通道。但是据王富元在《隆盛庄的名胜古迹》中记载："当年是用绳梯上下运人。"其形制有待考证。

　　隆盛庄现存烽火台里面的穴洞较多，经过实地调研发现，这些洞穴多为后期挖掘而成。穴洞内，保存较好的壁面有抹灰，而抹灰脱落处有明显挖凿的痕迹，证实该洞穴是在烽火台筑成后开凿的。通过穴内残留的生活痕迹可推测，该洞穴曾被用作居住空间（图 9-3、图 9-4）。

图 9-3　烽火台内部照片 1

图 9-4　烽火台内部照片 2

图 9-5　烽火台实景照片

　　因此在烽火台复原工作中，我们秉着对烽火台洞穴防御功能的怀疑态度，查阅有关烽火台的资料，推断隆盛庄最初的烽火台应是采用了类似于明代烽火台的形制，是无观察孔的土墩子。基于此推断，并根据现存烽火台轮廓（图 9-5），建立完整线框图（图 9-6），还原出烽火台初始模型图（图 9-7）。

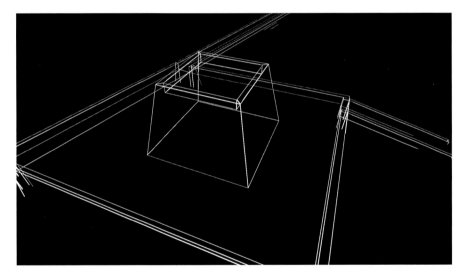

图 9-6　烽火台线框图

图 9-7　烽火台复原图

里巷复原设计

　　隆盛庄的街巷系统继承了中国城镇传统的街巷布局方式。南北向的街道将其纵向贯穿，东西向的里巷可直通街道，纵横交错的街巷将整个隆盛庄的各个角落串联起来，交通便利。隆盛庄里巷繁多（图9-8），名称多种多样，如一峰巷、元宝巷、棺材巷等。里巷尺度通常较小，最宽处也仅可供一辆车通过（图9-9）。此外，现存里巷已不满足现代日常生活所需，如排水、取暖等设施缺乏，导致居民生活不便。

图 9-8　里巷倾斜摄影模型截图

图 9-9　里巷实景照片

图9-11　一峰巷巷门楼照片

图9-10　一峰巷现状况照片

　　通过对现有里巷的调研，筛选保存较为完好的一峰巷作为复原设计的对象（图9-10），为其他里巷复原设计提供参考。借助三维激光扫描以及倾斜摄影等现代测量工具，将一峰巷的基本数据进行采集。结合隆盛庄相关文献资料，将一峰巷尺寸、门楼做法（图9-11）、墙体构造、铺砖方式等信息进行提取，并以此作为复原依据，综合现代日常生活所需的公共服务设施，如道路下铺设排水管道、巷两侧设计照明设施等，对里巷进行复原设计，建立复原线框图以及模型图（图9-12、图9-13）。

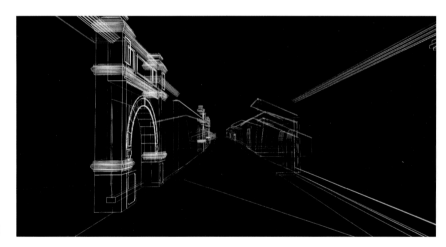

图9-12　一峰巷线框图

图9-13　一峰巷复原图

建筑结构做法复原

图 9-14（a） 2017 年 4 月老房子拆除前照片

图 9-14（b） 一周后老房子拆除后照片

  在隆盛庄调研过程中，笔者亲历多栋建筑在人工干预下几日内便荡然无存，其所具有的历史价值也变成一地废墟（图 9-14）。不仅如此，自然塌陷对隆盛庄建筑的保存也带来巨大的挑战。历史建筑的减少，混乱无章的新建建筑的增加，不断弱化这座传统村落的历史价值，隆盛庄危机迫在眉睫。

  笔者在隆盛庄调研过程中发现，部分残留的建筑其木构梁架、土坯墙、砖砌墙等保存较为完好（图 9-15），因此建筑的搭建以及砌筑等做法便还有迹可循。为了阻止这种危机的不断加重，现通过对相关的参考以及借助新型扫描技术、计算机技术等，采用较为直观且易懂的方式，对老建筑构建做法进行推演，为当地居民提供一种尊重历史的建筑的复原做法（图 9-16～图 9-20）。

图 9-15　老房子梁架照片

图 9-16　老房子现状照片

图 9-17　模拟内部墙体梁架生成图 1

图 9-18　模拟内部墙体梁架生成图 2

图 9-19　模拟内部墙体梁架生成图 3

图 9-20　老房子复原图

产业演变预想

图 9-21　隆盛庄古镇镇口照片 1

图 9-22　隆盛庄古镇镇口照片 2

　　隆盛庄因其拥有悠久的历史以及深厚的文化底蕴，而逐渐被人得知。2012年底，隆盛庄被国家住房和城乡建设部、文化和旅游部、财政部确定为全国首批传统村落（图9-21）。2014年3月，隆盛庄被国家住房和城乡建设部、国家文物局确定为第六批中国历史文化名镇（图9-22）。

　　隆盛庄文化资源丰富，为隆盛庄未来的旅游产业发展打下坚实基础。如隆盛庄随处可见的老房子（图9-23），是发展文化旅游产业的重要资源。结合对隆盛庄未来产业的推演，利用现代先进技术，对老房子进行复原以及部分改造（图9-24、图9-25），能让老房子重新焕发生机。

图 9-23　老房子实景照片

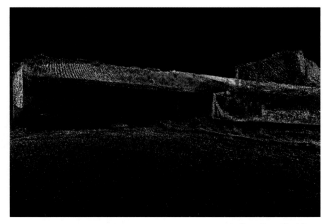

图 9-24　老房子点云模型截图

图9-25 复原线框图

09 隆盛庄技术复原一 161

如元宝巷5号，原为一处破败不堪的院落，通过参考周围相邻的院落组成以及建筑形式合理改造成农家院（图9-26～图9-28），并对其建筑空间重新赋予功能定义，适应现在旅游发展的各方面需求，带动隆盛庄的经济发展，同时也能改善隆盛庄居民的生活现状。

图9-26 推测模拟图1

图9-27 推测模拟图2

图9-28 推测模拟图3

隆盛庄镇城区街巷与商铺示意图

（清末民初年代）

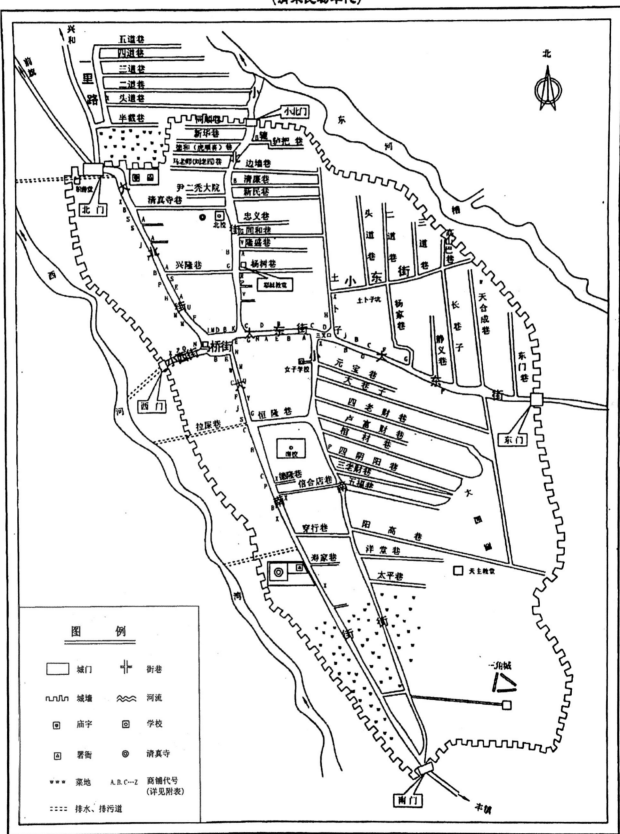

（图片来源：梁增福《隆盛庄城区的大街小巷与宅院》）

隆盛庄商铺名称

一、大北街路西到西门街路北

1.粮：丰裕店	2.毡：孔聚宝（带轿）	3.粮：德记（花大厅）
4.陆：陈全宝（原清真寺）	5.铁：德福炉	6.粮：广德店（丁四店）
7.铁：常福炉	8.京：段常	9.铁：永福炉
10.俱乐部：（栗大举）	11.皮毛：永顺德皮毛店（走草地）	12.药：引大成药铺
13.山货：庆胜钰（硬山货）	14.皮：义和美	15.木：双合成（邮局）
16.黑：张家黑皮坊（走草地）	17.陆：豹子（人的名字）	18.油：闫家
19.京：聚义祥	小楼	20.杂：广盛祥
21.铁：张进财（走草地）	22.澡：二何澡堂	23.店：二何大店（车马大点）

二、西门街路南到大南街路北

24.小：福成小店（老喜才）	25.陆：万清和	26.醋：广生泉（豆腐豆芽酱油）
27.饭：西饭馆	28.肉：李补红	29.色：智后颜料铺
30.肉：刘官记	31.肉：马元"回族"	32.糕点：岳如山
33.药：春和钰	34.糕：恒义园	35.糕：隆兴园
36.杂：双盛永"家具店"	37.山：广合元	38.铁：赵光亮
39.鞋：翟广才"鞋铺"	40.陆：万清后"大柜"	41.药：德顺恒
42.纸：永兴泰"纸铺"	43.药：通庆和	44.缸：天福泉（制酒）
45.皮：恒聚德"皮毛店"（七号郭家）	46.京：芦大	47.相：照相馆
48.木：庆常�	49.缸：进泰泉	50.材：三元店
51.轿：刘官记（花轿）	52.油：郭维林	53.木：白老"木匠铺"
54.陆：德聚胜	55.糕：李英虎	56.药：同心堂
57.软：软山货铺	58.染：广生后	59.杂：元兴泰
60.小：三老秀"小店"	61.小：高帮"小店"	62.醋：三美泉"豆腐豆芽酱油"
南栅区公所南庙	63.糖：福和后"糖坊"	64.店：马三店

三、大北街路东

65.粮：恒泰店	66.鞋：三行永靴铺（走草地）	67.陆：义和美（走草地）
68.铜：连正帮铜匠店	69.皮：德元皮毛店"马连"	70.笼：闫家笼铺

71. 粮：德元店		

四、隆盛巷

72. 粮：德生店		

五、马桥街北到大东街三岔口

73. 当：茂胜当	74. 饭：汇丰元	75. 药：丰盛隆
76. 京：福聚成	77. 肉：虎顺喜（回民）	78. 医：寿山医院（西医）
79. 当：明记当	80. 京：富丰祥	小北街南口以东
81. 纸：杜义	82. 烟：大烟馆	83. 纸：丰盛公
84. 剃：卜印	85. 肉：四合义（陈长义）	86. 马王灶
87. 银：魁茂荣	88. 油：肖永寿	89. 银：得泰钰（王进孝）
90. 面：公记	91. 画：牛仔	92. 粉：三义泉粉坊（兼卖粉浆）
93. 肉：李元		

六、马桥街路东至大南街路东

94. 杂：万清后（楼，调料纸张）	95. 布：浴德后（楼）	96. 缝：黄兰根
97. 银：尹家炉（小楼）	98. 京：忠发祥（尤文耀）	99. 布：巨义德
100. 京：全兴钰	101. 柳：柳坊	102. 银：德胜永
103. 水：清德店（水货店.大何）	104. 软：德茂永	105. 杂：万盛祥
106. 钱：钱一隆（德盛郁钱庄）	107. 山：德胜永（带卖笼.张考）	108. 陆：德隆益
109. 布：巨意德	110. 材：广合元	111. 黑：寿三苟娃（黑皮坊）
112. 粮：恒隆店	113. 布：聚义德	114. 铁：长顺炉（苏二秃）
115. 毡：黄大秃	116. 染：	117. 油：张英后
118. 钱：班维钱庄	德隆小巷	119. 陆：三和泉
信合店巷（巷为一家）	120. 皮毛：信和店皮坊	121. 醋：醋铺（豆腐、豆芽、酱油）
未知（来宝屯）	122. 水：常盛水货店	123. 烟：大烟馆（李家）
124. 陆：德记	125. 肉：田记虎	126. 店：三和马店（只留牲畜）
127. 店：德虎店	128. 沙：同盛炉（翻沙）	寿家巷
129. 当：德钰当	130. 店：寿家马店	大东街路南至三岔口

131.糕：上三元（小柜）	132.杂：富成祥	133.软：常记
134.纸：广生祥	135.纸：丰盛泉（刘如意）	136.饭：东饭馆（张）
137.饭：白家饭馆	138.邮：邮政局	139.柳：刘庭美
140.陆（万福永）	141.缝：白日恒	142.陆：远记
143.面：大成祥	144.挂：田润德挂面铺	

七、清真寺巷路南清真寺、聚紧会

145.粮：张四清（路北）	146.糕：锁家小吃店	

八、新华巷

147.陆：万富永		

九、小北街路西

回族小学	148.糕：尚美元（回民）	149.糕：万昌店（回民）
150.陆：田益永	151.糕：尚三元（回民、大柜）	152.店：王得胜（轿车店、只留轿车）
153.饭：吉义园（李万隆）	154.铜：二巴式（杨有才）	小北街路东
155.面：万福义（边墙巷内）	156.铁：天德炉	157.粮：懋盛店
158.皮：周大黄（白皮坊、皮毛）	杨树巷基督教堂	159.缸：全丰永
160.铁：昌顺炉	161.油：高三巴	162.铁：常盛炉（段忠信）
163.剃：连根	土卜子	164.妓：三义店
165.粮：东吉地	166.草：静义巷贾大宝草地庄	167.草：天合店（天合成巷、草地庄）

十、小南街路东巷

168.肉：邢丑肉铺	大东街路南	169.皮：兴隆店（皮坊）
170.砂：永胜炉（王祥）	171.肉：王家肉铺	172.轿：张凤山花轿（大巷子）
173.草：贾五草地庄	174.画：芦根生	175.草：候九平草地庄（四老财巷）
176.油：张秃子（棺材巷）	三老财巷	177.草：曹金草地庄
178.棺：大成祥	179.砂：永福炉（王喜翻砂）	太平巷南
180.店：天合店（郭天元马店）	181.店：广盛店（薛成汉马店）	洋堂巷
天主教堂	182.丰盛茂：李家砖瓦厂	

附录2　商肆建筑调研用户信息表汇总

街道	总图编号	门牌编号	户主姓名	等级	建筑类型
大南街	B+R-a12	直销饲料	无户主	A	商肆+民居
大南街	B+R-a13	43 号	陈占祥	A	商肆+民居
大南街	B+R-a21	无门牌号	无户主	A	商肆+民居
小北街	B+R-b38	21 号	颖顺顺	A	商肆+民居
小北街	B+R-i2	19 号	安凤梅	A	商肆+民居
大南街	B-a22	蒸祭馒头	赵团圆	B	商肆
大南街	B-a41	49 号	段爱和	B	商肆
大南街	B-a54	烟酒超市	李润寿	B	商肆
大南街	B-a55	兰所副食门市	索四娃	B	商肆
大南街	B-a75	苹果出售	无户主	B	商肆
大南街	B-a76	文具百货	李鹏	B	商肆
大南街	B-a77	五金杂货	郭官喜	B	商肆
大北街	B-f5	无门牌号	无户主	B	商肆
小北街	B+R-i12	21 号	高三虎	B	商肆+民居
大南街	B-18	20 号	无户主	B	商肆
大南街	B-111	无门牌号	王金柱	B	商肆
大南街	B+R-166	60 号	无户主	B	商肆+民居

附录3　民居建筑调研用户信息表汇总

街道	总图编号	门牌编号	户主姓名	等级	建筑类型
大北街	B+R-a12	直销饲料	无户主	A	商肆、民居
大北街	B+R-a13	大北街43 号	陈占祥	A	商肆、民居
大北街	B+R-a21	无门牌号	无户主	A	商肆、民居
忠义巷	R-b9	忠义巷1 号	刘润虎	A	民居
大南街	R-b13	无门牌号	俎喜子	A	民居
小北街	B+R-38	无门牌号	颖顺顺	A	商肆、民居
福生巷	R-b54	福生巷2 号	无户主	A	民居

福生巷	R-b55	福生巷3 号	无户主	A	民居
小南街	R-c21	公义巷8 号	王吉康	A	民居
小南街	R-c33	三老财巷3 号	张志	A	民居
小南街	R-c46	四阴阳巷4 号	王瑞	A	民居
元宝巷	R-d1	元宝巷4 号	无户主	A	民居
元宝巷	R-d2	元宝巷3 号	王壁辉	A	民居
一峰巷	R-d24	无门牌号	无户主	A	民居
一峰巷	R-d27	段家大院	段耿文	A	民居
一峰巷	R-d31	一峰巷17 号	无户主	A	民居
一峰巷	R-d32	一峰巷18 号	无户主	A	民居
一峰巷	R-d33	一峰巷19 号	无户主	A	民居
一峰巷	R-d37	一峰巷23 号	无户主	A	民居
一峰巷	R-d38	一峰巷24 号	无户主	A	民居
一峰巷	R-d45	无门牌号	无户主	A	民居
吉祥巷	R-d53	吉祥巷7 号	无户主	A	民居
德和巷	R-g19	德和巷1 号	刘安安	A	民居
德和巷	R-g20	德和巷2 号	马进先	A	民居
德和巷	R-g21	德和巷3 号	戚生奎	A	民居
小北街	B+R-i2	小北街19 号	安凤梅	A	商肆、民居
兴隆巷	R-i8	无门牌号	贾丽丽	A	民居
马桥街	R-i47	无门牌号	于晓峰	A	民居
大南街	R-j38	无门牌号	郭召弟	A	民居
聚宝覃巷	R-j54	无门牌号	楼团圆	A	民居
杨树巷	R-k31	杨树巷1 号	孙浩	A	民居
杨树巷	R-k33	杨树巷3 号	张金亮	A	民居
杨树巷	R-k35	无门牌号	赵建亭	A	民居
大东街	R-k51	大东街36 号	郭志君	A	民居
小南街	R-m7	小南街1 号	无户主	A	民居
小北街	R-b2	无门牌号	无户主	B	民居

小北街	R-b4	无门牌号	无户主	B	民居
小北街	R-b7	小北街17 号	张四虎	B	民居
小北街	R-b10	忠义巷2 号	马圆	B	民居
忠义巷	R-b11	忠义巷3 号	司二虎	B	民居
清廉巷	R-b26	清廉巷1 号	无户主	B	大杂院
小北街	R-b35	小北街22 号	高建东	B	民居
忠义巷	R-b53	清廉巷1 号	无户主	B	民居
清廉巷	R-b26	清廉巷2 号	无户主	B	民居
清廉巷	R-b27	小北街23 号	张英所	B	民居
小北街	R-b37	小北街24 号	刘金奎	B	民居
小北街	R-b54	福生巷2 号	无户主	B	民居
福生巷	R-c2	公义巷27 号	武永生	B	民居
小南街	R-c5	公义巷24 号	翟胜利	B	民居
小南街	R-c6	公义巷23 号	侯义	B	民居
小南街	R-c57	五福巷7 号	邢佃杰	B	民居
元宝巷	R-d4	无门牌号	无户主	B	民居
一峰巷	R-d41	无门牌号	无户主	B	民居
大南街	R-j39	无门牌号	张世祥	B	民居
聚宝覃巷	R-j53	无门牌号	李高科	B	民居
小北街西9	R-k20	无门牌号	王敬孝	B	民居
杨树巷	R-k32	杨树巷2 号	李九花	B	民居
医院北5	R-k39	无门牌号	政府所有	B	民居
医院北6	R-k40	无门牌号	张爱莲	B	民居
小北街	R-k73	小北街10 号	无户主	B	民居
大南街	R-133	无门牌号	王二娃	B	民居
大南街	B+R-166	大南街60 号	无户主	B	商肆、民居
小南街	R-m7	小南街1 号	无户主	B	民居
小南街	R-m16	无门牌号	无户主	B	民居
小南街	R-m36	无门牌号	郝明虎	B	民居

参考文献

[1]肖瑶.山西省传统村落的保护与发展研究[D]. 晋中：山西农业大学，2016.

[2]Allen G. Noble.Traditional Buildings:A Global Survey of Structural Forms and Cultural Functions(International Library of Human Geography)[M].New York:I. B. Tauris,2007.

[3]作者不详.乌兰察布盟地名志.乌兰察布：乌兰察布盟公署编.1992.

[4]石良先等编撰.乌兰察布史[M]. 北京：中国文联出版社，2009.

[5]丰镇县《丰镇县志》编纂委员会.丰镇史料.1984.

[6]米守嘉.走西口移民运动与蒙汉交汇区村落习俗研究[D].太原：山西大学，2011.

[7]殷俊峰.内蒙古呼包地区晋风民居调查与空间研究[D]. 西安：西安建筑科技大学，2011.

[8]韩巍.清代"走西口"与内蒙古中西部地区社会发展[D]. 呼和浩特：内蒙古师范大学，2007.

[9]张雄艳.走西口移民与晋蒙教会区村落的民俗文化变迁——以山西偏关县、河曲县和内蒙古南部村落为个案[D]. 太原：山西大学，2010.

[10]王丽.阳泉官村张家大院民居研究[D]. 太原：太原理工大学，2014.

[11]胡媛媛.山西传统民居形式与文化初探[D]. 合肥：合肥工业大学，2007.

[12]王琳燕.从常家庄园看清代晋商建筑的空间特色[D]. 太原：山西大学，2007.

[13]王子瑜.晋中大院建筑形态特色分析研究[D]. 厦门：厦门大学，2007.

[14]马炳坚.中国古建筑木作营造技术[M]. 北京：科学出版社，2003.

[15]王金平.山西民居[M]. 北京：中国建筑工业出版社，2009.

[16]过珣华.明清时期山西民居雕饰的伦理意蕴[D]. 南京：南京林业大学，2011.

[17]马炳坚.中国古建筑木作营造技术[M]. 北京：科学出版社，2003.

[18]郝芸.山西晋城民居中的砖石雕刻艺术研究[D]. 西安：西安建筑科技大学，2013.

[19]王勤熙.山西省太谷县传统民居营造技艺调查研究[D]. 北京：北京交通大学，2011.

[20]冯永荣.山西民居木雕装饰图案研究[D]. 临汾：山西师范大学，2013.

[21]闫卉.试论山西传统民居木雕门窗装饰艺术[D]. 太原：山西大学，2007.

[22]刘雁.山西传统民居建筑及装饰研究[D]. 青岛：青岛理工大学，2012.

[23]王琳燕.从常家庄园看清代晋商建筑的空间特色[D]. 太原：山西大学，2007.

[24]嘉禾.中国建筑分类图解[M]. 北京：化学工业出版社，2008.

[25]孙亚峰.中国传统民居门饰艺术[M]. 沈阳：辽宁美术出版社，2015.

[26]陈志林，杨红旗.漫谈中国传统门饰[J]. 绿色中国，2006.

[27]王海霞.晋北古村镇佛教信仰与民众生活研究[D]. 太原：山西大学，2012.

[28]郝秀春.北方地区合院式传统民居比较研究[D]. 郑州：郑州大学，2006.

[29]郭朝晖.拦车古村聚落与民居形态分析[D]. 太原：太原理工大学，2010.

[30]潘明率.丁村聚落及其民居形态分析[D]. 太原：太原理工大学，2002.

[31]绥远省政府编印.绥远概况（上册）.绥远省政府出版.1933.

[32]绥远省政府编印.绥远概况（下册）.绥远省政府出版.1933.

[33]郝维民,木德道尔吉.内蒙古通史纲要[M].北京：人民出版社,2006.

[34]菅光耀,李晓峰.穿越风沙线——内蒙古生态备忘录[M].北京：中国档案出版社,2001.

[35]闫天灵.汉族移民与近代内蒙古社会变迁研究[M].北京：民族出版社,2004.

[36]吴理财.城镇化进程中传统村落的保护与发展研究——基于中西部五省的实证研究[J].社会主义研究,2013.

[37]郭青剑.传统村落拆除要经省级三个部门批准[J].中国艺术报,2013.

[38]郭艳.时代变迁下庙会的发展现状——以内蒙古丰镇市隆盛庄庙会为研究个案[J].内蒙古大学艺术学院学报,2015.

[39]常江,朱冬冬,冯姗姗.德国村庄更新及其对我国新农村建设的借鉴意义[J].建筑学报,2006.

[40]胡彬彬,吴灿.中国村落文化研究现状及发展趋势[J].科学社会主义,2014.

[41]赵夏,余建立.从日本白川荻町看传统村落保护与发展[J].中国文物科学研究,2015.

[42]呼啸.内蒙古丰镇市隆盛庄传统聚落形态研究[D].呼和浩特：内蒙古工业大学,2017.

[43]郭效宏.内蒙古丰镇市隆盛庄村传统商肆建筑研究[D].呼和浩特：内蒙古工业大学,2017.

[44]耿瑜.内蒙古丰镇市隆盛庄传统民居建筑研究[D].呼和浩特：内蒙古工业大学,2017.

[45]谢亚权.内蒙古隆盛庄传统民居建筑装饰调查研究[D].呼和浩特：内蒙古工业大学,2017.

后 记

感谢阅读《隆盛庄建筑纪实——以点云数据记录名镇》这本书的所有读者。笔者编写此书的目的，是希望通过它使读者能进一步了解隆盛庄的过去，认识它的现在，更希望使更多的人关心它的未来。因为，它是古丝绸之路通往蒙古国、俄罗斯的重镇，是古代塞上名镇，是从汉朝到近代的兵家必争之地。它的历史早于史料所载，该镇在内蒙古自治区经济社会发展中，以及我国军事战略上均具有重要的作用。

隆盛庄未来城镇化的进程中，需要融入现代元素，更要保护和弘扬传统优秀文化，延续该镇的历史文脉，要注意保留隆盛庄的原始风貌，尽可能在原有村庄形态上改善居民的生活条件。但每年都会有"老房子"消失，自然塌落、推倒改建，特别是开春的时候，那里整修房屋都会对现有的建筑予以改变，极有价值的建筑物逐渐消失，深感时间急迫。这种结果不能归咎于居民！各方面都有认识的不足之处，如三年前做的隆盛庄旅游规划，在这个极度缺水的地方做景观河、滑雪场！真不希望类似的规划布局放在隆盛庄实施。将原有那些保护较好的或有可能抢救的历史建筑尽快地保护下来，按照当地社会和特色经济发展的需要，加以合理利用，这是历史文化名镇隆盛庄可持续发展的必由之路。

本书中将低空倾斜摄影建立起的三维模型的局部图片以及地面三维高精度激光扫描形成点云数据库的局部图片呈现给大家，使得这座古镇的现状风貌和完整的建筑信息更加全面展示给读者；并为热心于历史文化名镇的工作者、城镇规划、文物保护管理者提供准确的研究依据。

越是到成稿时越觉得文字不够详实、照片不够全面、版式不够艺术，但是，基于对保护好历史文化名镇隆盛庄的迫切愿望，下定决心一定要将这一稿交予出版社，我们的考察工作虽告一段落，但我们对于隆盛庄的研究还没有结束，还有问题需要进一步考证。后续的工作仍在策划，我们希望能有更多的热心人士给我们提出意见，更盼望能和我们一起共同深入研究。能顺利完成此书应首先感谢内蒙古自然科学基金给予项目[①]的资助！还应感谢隆盛庄各级领导在我们考察中给予的大力支持，更应当感谢在这三年中当地群众对于我们的热心帮助！

① 内蒙古地区传统建筑数字化模型技术应用研究（项目编号：2016MS0535）
内蒙古地区传统村落建筑信息提取与评价研究（项目编号：2018LH04005）

图书在版编目（CIP）数据

隆盛庄建筑纪实：以点云数据记录名镇／王卓男编著．
—北京：中国建筑工业出版社，2019.12
ISBN 978-7-112-19549-7

Ⅰ．①隆…　Ⅱ．①王…　Ⅲ．①文化名城－保护－研究
—丰镇　Ⅳ．① TU984.226.5

中国版本图书馆 CIP 数据核字（2019）第 273410 号

位于内蒙古乌兰察布的隆盛庄是全国首批传统村落，该镇具有丰富的文化资源以及建筑遗产，然而随着村落的发展，这些传统建筑也遭受着严重的破坏。本书通过多次对隆盛庄的实地调研与走访，结合相关文献资料，对隆盛庄的历史发展脉络进行梳理，并借助三维激光扫描以及倾斜摄影等测绘技术，对隆盛庄的传统建筑现状进行详细记录，形成相对深入完整的图文数字档案，进而为后期隆盛庄建筑的保护与利用工作提供有效的指导。

本书适合于历史文化名镇的建设工作者以及从事城镇规划、文物保护的管理者等参考阅读。

责任编辑：唐　旭　贺　伟　李东禧
版式设计：高　超
责任校对：芦欣甜

隆盛庄建筑纪实
——以点云数据记录名镇
王卓男　编著
*
中国建筑工业出版社出版、发行（北京海淀三里河路9号）
各地新华书店、建筑书店经销
天津图文方嘉印刷有限公司印刷
*
开本：889×1194 毫米　1/16　印张：10¾　字数：331 千字
2019年12月第一版　2019年12月第一次印刷
定价：138.00 元
ISBN 978-7-112-19549-7
　　　　　(35034)